高级服装立体裁剪

Draping
Techniques for Beginners

（美）弗朗西斯卡·斯特拉奇（Francesca Sterlacci） 著

周 捷 译

东华大学出版社·上海

图书在版编目（CIP）数据

高级服装立体裁剪 /（美）弗朗西斯卡·斯特拉奇著；周捷译 .
—上海：东华大学出版社，2022.1

ISBN 978-7-5669-2007-2

Ⅰ . ① 高… Ⅱ . ① 弗… ② 周… Ⅲ . ① 立 体 裁 剪

Ⅳ . ① TS941.631

中国版本图书馆 CIP 数据核字 (2021) 第 230058 号

责任编辑 谢 未

版式设计 赵 燕

高级服装立体裁剪

【美】弗朗西斯卡·斯特拉奇 著

周 捷 译

出　　版：东华大学出版社

（上海市延安西路 1882 号　邮政编码：200051）

出版社网址：dhupress.dhu.edu.cn

天猫旗舰店：http://dhdx.tmall.com

营 销 中 心：021-62193056　62373056　62379558

印　　刷：当纳利（上海）信息技术有限公司

开　　本：889mm×1194mm　1/16

印　　张：21.5

字　　数：757 千字

版　　次：2022 年 1 月第 1 版

印　　次：2022 年 1 月第 1 次印刷

书　　号：ISBN 978-7-5669-2007-2

定　　价：198 .00 元

目录

内容简介

第1章　基础知识 26 页

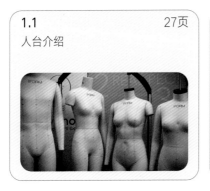
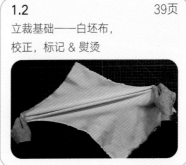
8

第2章　上衣 48 页

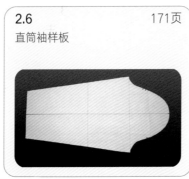
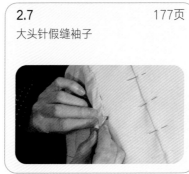

第3章 省道 182 页

第4章 半身裙 200 页

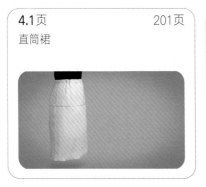

第5章 连衣裙 236 页

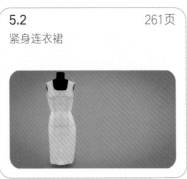

本书内容构成

本书提供了许多实用的小技巧，如紫色标记所示。

在每节课程的最后一页，会提供一张自我检查表，利用该表来衡量制作过程是否规范

每节内容从一系列学习目标开始，详细说明需要培养的关键技能

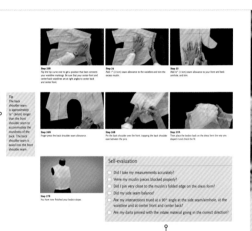

2.2

Side Bust-dart Bodice with Back Neck Dart

Learning objectives

☐ Extract measurements, prepare the muslin pieces, and begin to drape
☐ Understand how and where to add waist, side bust, and back neck darts
☐ Balance side seams so they lie along the grain, and true to correct the pattern and add seam allowances

Fabric required:
- #1 muslin (medium-weight calico)—1 yard (1 meter)

此处罗列出该节内容所需的面料和使用工具

每节内容的开始位置，都会罗列出一组学习目标，详细说明了该课程中的关键技能

每节课程，都分为多个关键模块

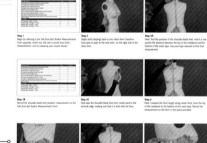

Side Bust-dart Bodice Measurements Form

Muslin Blocks	Inches	Centimeters
Front block width = bustline + 4" (10cm)		
Front block length = front length + 4" (10cm)		
Back block width = back width + 4" (10cm)		
Back block length = back length + 4" (10cm)		

Body Measurements		
Shoulder-blade level (one-quarter the distance from back neck to waist)		
Front length (top of front neckband to bottom of waist tape)		
Bustline (side seam to center front across apex)		
Back length (top of back neckband to bottom of waist tape)		
Back width (center back to side seam)		
Neckband to apex (top of front neckband to apex)		
Apex to center front (measured on right side of dress form)		
Front side seam to apex + ⅛" (3mm)		
Back neckline to shoulder-blade level (measured along center back)		
Shoulder-blade width (measured along shoulder blade level, from center back to back armhole ridge) + ¼" (6mm)		

通过一系列的服装制作步骤图片，指导完成课程内容

你也可以登录 **www.universityoffashion**网站，观看时装大学的视频课程

10

前言

服装设计艺术和工艺是时装产业的核心，设计师们通常使用两种方法，将他们的服装设计灵感转变为成衣：二维（服装设计稿和纸样绘制）及三维（立裁）。无论设计师是从灵感、草图，还是面料开始设计服装，最终都会将服装呈现出一个三维造型。

纵观历史，许多设计师都认为立裁是服装设计过程中最能激发设计师创意的一个过程。同时，立裁还具有实用性，根据三维人台来对服装造型，本身就展现出了高度的合体性。

学习立裁的相关基础知识，是使用计算机设计工具［如3D人体扫描仪、虚拟现实（VR）的服装设计软件、人工智能（AI）和增强现实（AR）软件］的绝对先决条件。通过真实的立裁过程，设计师可以更好地了解面料在人体上的可操作性以及服装的合体性。

扎实的立裁基础知识可以让设计师在服装行业中扮演一个更有意义的角色——支持慢时尚和本地制造，这两者都是可持续发展运动的关键组成部分。

随着科技对时装产业的持续影响，时装教育领域出现了新的教育模式和方法。2008年，时装大学（UOF）提出了一种基于互联网的学习方法，来满足学生的学习需求。UOF创建了一个在线视频图书馆，里面有数百个关于服装设计的重点项目课程。这些项目课程为拥有远大抱负的设计师、时装专业大学生、家庭裁缝、期待提高技能的时装界专业人士，以及对时装感兴趣的人，提供了一套完整实用的教学视频，以便他们学习时装的相关知识。为了进一步加强人们对时装设计的学习，UOF与劳伦斯·金出版社合作，出版了《高级服装立体裁剪》、《高级服装制版》和《高级服装缝制工艺》。这些书都是根据视频中的教学步骤编制而成，配合视频课程一起使用，可以达到最佳的学习效果。

祝愿你可以顺利圆满地完成立裁课程的学习。

弗朗西斯卡·斯特拉奇

立裁简介

立裁是通过在人台（裁缝用假人）或者真人模特上对面料（无论是实际使用的服装面料，还是白坯布）进行三维设计创造，来呈现出服装的最终造型，这个过程也叫做"立体造型"。立裁的入门课程是制作一系列的基础服装原型。立裁完成一个服装原型后，检查其合体性，并将其拷贝到卡纸或者样板纸上，这种原型没有缝份，属于制版工艺中的一系列基础原型纸样。

与采用二维制版方法得到的纸样相比，立裁过程中的面料可以直接呈现出更好的视觉效果。因此服装设计师和学生们都偏向于使用立裁方法，以获得更多的服装设计创意。感受手中的织物风格，并思考如何围绕人体来立裁面料，这个过程总是会激发设计师创造出新的服装造型和轮廓。立裁的工作过程与雕塑相似，不仅需要考虑服装设计的形式与平衡，还要思考面料所呈现出的外观造型。当设计师根据服装设计图在人台上进行立裁时，他们随时可以对服装设计进行优化。

在操控面料使其包裹人体的立裁过程中，可以学到合体性和比例之间的关系。只有熟练掌握立裁方法的设计师，才能确保每件所设计服装的合体性。许多时装界最具创造力的设计师认为：必须先学习方法，才能更加有效地创新（译者深感赞同）。本书的立裁课程提供了一个扎实的立裁基础，以便进行下一阶段的学习，并创造出惊奇的设计。

立裁演变

了解时装历史，解析时装在人类历史长河中所产生的影响，可以激发服装设计师的创造性。

古典时期

原始时期的人类使用兽皮制成身体覆盖物，直到发明出了织物之后，人们才逐渐形成立裁的概念——将长方形的织物披挂在身体上。古希腊时期，女士穿着的三种主要服装为装饰短裙、贴身穿的宽大长袍和宽松长衫，这三种服装与古罗马的托加长袍是已知最早的立裁服装。古希腊风格给现代设计师提供了大量的灵感，尤其是西班牙设计师马瑞阿诺·佛坦尼和法国时装定制师格蕾夫人。马瑞阿诺·佛坦尼设计的"德尔斐褶皱裙"闻名于世，格蕾夫人设计的希顿式泽西连衣裙传承了希腊服装的永恒优雅。

受到拜占庭时期东西方文化融合的影响，女性时装进一步发展。但是，直到文艺复兴时期，富有的纺织商人将东方的奢华面料引入欧洲的皇家宫廷服装中，时装才开始繁荣起来。

宫廷服饰

来自那不勒斯、乌尔比诺、费拉拉、曼图亚和米兰宫廷的意大利画家，详细地描绘出了他们那个时代的奢华服饰，17世纪的佛兰德斯巴洛克画家也是如此。他们不仅描绘宫廷中的服装，还描绘农民穿着的服装。

在西班牙黄金时代的宫廷绘画中，出现了丰富的面料、花边和其他装饰配件。这些绘画为第一位法国著名时装设计师——玛丽-珍妮·罗斯·贝尔丁提供了丰富的灵感。玛丽·安托瓦内特于1770年嫁给路易十六后不久，贝尔丁就成为了她的女帽设计师，并在女王统治期间一直担任她的时装设计师和时尚顾问。女王对宫廷服装的影响力，使法国很快成为世界时尚之都，且这一声誉一直持续到今天。

左侧：古希腊时期贴身穿的宽大长袍（左）和装饰短裙（右）

中间：马瑞阿诺·佛坦尼设计的德尔斐褶皱裙

右侧：大约在1653年，委拉斯凯兹描绘的奥地利玛丽安娜王后

左侧：《彼得森》杂志上的时装，1881年

中间：珍妮·朗万，以直接在人体上进行立裁而闻名，1929年

右侧：格蕾夫人设计的泽西连衣裙，继承了古希腊的服装风格，1963年

时装出版物

时装出版物在18世纪传入法国和英国之后，一直畅销到19世纪，它向世界各地的女性展示了欧洲最新的时尚潮流。时装出版物包括《时尚画廊》（1794-1802）、《阿克曼艺术宝库》（1809-1829）、《戈迪夫人的书》（1830-1898）和《彼得森》杂志（1842-1898）。女性会把这些杂志上的服装图片拿给女裁缝，然后，裁缝根据顾客的尺寸，开始立裁、制版、缝制定制服装。

保罗·波烈

1903年，波烈创办了自己的高级定制时装店，并成为影响时装界的主要人物，尤其是他不再采用过去的剪裁和纸样制作，转而采用立裁技术。他出名于将女性从紧身胸衣和衬裙中解放出来，并通过服装设计把沙漏型身材转变为高腰身材。他利用直线来设计服装，使用长方形衣片来组合成服装，这使他成为现代时装的先驱者。

珍妮·朗万

朗万是20世纪二三十年代最著名的服装设计师之一，她的品牌是现存最古老的时装品牌。朗万不喜欢先绘制服装款式图，她一般直接把面料披在人台上，通过立裁面料来创造她的设计。等她完成服装立裁之后，插画家才会根据她的服装设计图集画出设计稿。

格蕾夫人——时装界的雕塑家

毫无疑问，最了解女性体型的设计师，是巴黎时装设计师格蕾夫人。最初，格雷夫人是一名雕塑家，后来成为了"时装界的雕塑家"。从20世纪30年代到60年代期间，她创作出了大量的奢华褶皱礼服。格蕾夫人很喜欢立裁（看着面料，触摸面料，然后问自己"这块面料会变成什么样的裙子呢？"既不是一次旅行，也不是一个灵感来定义服装，而是面料来定义服装），因此她设计的每一件丝质泽西连衣裙，都要使用30到70米长的布料。格蕾夫人的作品一直是世界各地设计师的灵感源泉，这些设计师均重视和尊重立裁艺术。

克里斯托瓦尔·巴朗斯加——设计师中的设计师

另一位采用立裁来设计服装的著名设计师是克里斯托瓦尔·巴朗斯加，人们称他为"设计师中的设计师"。他精通立裁技术，并能在设计服装时考虑到女性的体型，因此巴朗斯加的学徒们都受到了高度的赞扬。安德烈·库尔吉斯、奥斯卡·德拉伦塔、伊曼纽尔·温加罗和休伯特·德·纪梵希等人都从于巴朗斯加，随后他们都成功创立了自己的服装品牌。与珍妮·朗万、格蕾夫人、波林·特里吉尔和理查·泰勒等设计师一样，巴朗斯加也认为，和在纸张上绘制服装款式图相比，在人台或者真人身上直接制作服装才是真正具有创造力的方法。

玛德琳·薇欧奈

玛德琳·薇欧奈最初只是一名女裁缝，随着她对女性体型的深入了解，加上20世纪初曾在卡洛姐妹时装屋从事奢华面料的服装设计，她逐渐声名鹊起。在卡洛姐妹时装屋工作的时候，薇欧奈对立裁产生了兴趣。尽管保罗·波烈推广了立裁的理念，并因此被誉为"将女性从紧身衣中解放出来"的设计师，但实际上，第一个设计出无紧身胸衣服装的人是薇欧奈。

她受到美国舞蹈演员伊莎多拉·邓肯光着脚且不穿胸罩进行表演的启发，于1907年为杜塞特之家设计出第一套无紧身胸衣的系列服装。薇欧奈还发明了"斜裁"，这个重要的立裁技法。至今仍被设计师广泛使用。在实际设计服装之前，她经常使用½人台来构思她的设计理念，从而被认为是那个时代中为数不多的真正"动手"的设计师之一。

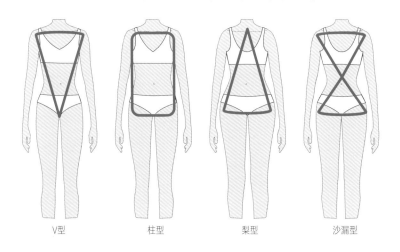

V型　　柱型　　梨型　　沙漏型

左上：邓姚莉的"城市游牧民"，是零浪费服装作品的典型代表之一（2004年春/夏）

右上：艾里斯·范·荷本在精致工艺中结合了科技创新（2013年春夏的高级定制）

克里斯汀·迪奥

克里斯汀·迪奥最初从事时装插画工作，迪奥将他对人体轮廓、体型、比例的敏锐性和服装绘画天赋结合在一起。他曾说过"一件服装就像一个生命周期较短的建筑物一样，旨在强调女性身体的比例。"1947年，迪奥推出了他的"新风貌"，这件服装颠覆了整个时尚界。他精通于设计出最适合女性体型比例及轮廓的服装，这使他成为那个时代成功的服装设计师。无论你的体型是V型、梨型、沙漏型，还是柱型，迪奥的服装都能让你美艳动人。

波林·特里吉尔

波林·特里吉尔以定制和制作无明显缝迹的连衣裙而闻名，她更喜欢人们叫她"特里吉尔小姐"。传承了珍妮·朗万的缝制习惯，特里吉尔也通常直接使用一块面料在真人模特上进行立裁。她一只手拿着剪刀，另一只手的手腕上套着她的著名"针插"。特里

吉尔小姐通过面料"指引"设计，设计出了许多令人惊艳的服装。对于那些有机会目睹她表演"魔术"的人来说，在观看过程中可能会有点胆战心惊，因为她的模特仅穿着紧身衣站在那里，任由她拿着一把长长的裁布剪刀，有目的地来回裁剪面料。然而，当特里吉尔小姐设计并固定好面料之后，她就会从无到有设计出整套服装。她的设计与21世纪的"零浪费"运动不期而遇——通过限制废料对身体有害的服装，注重三个"R"：减少、重复使用和循环利用，来鼓励产品生命周期的可持续性。如今，许多设计师都依照这个理念来设计系列服装，比如邓姚莉和提出"减法裁剪"的英国设计师朱利安·罗伯茨。服装纸样不再代表服装的外观造型，而是表示服装的内部空间，这是"减法裁剪"的应用前提。

邓姚莉

出生于马来西亚的美国设计师邓姚莉，从20世纪80年代开始，一直致力于促进零浪费时尚运动的发展。邓姚莉的服装以简洁实用而闻名，据说她的服装是为"城市游牧民"而设计的。虽然她设计的服装可能看起来很简约——但实际上，她经过精心的考虑，利用几何结构来仔细地构建每个系列服装，这些服装是纯粹的艺术品。她认真地思考如何立裁多余的正方形、月牙形、椭圆形和三角形面料，并分析服装合体性，最终真实地提高了这些面料的利用效率。她曾经说过，"对于我来说，节约面料就像是马提尼酒里的橄榄一样，不可抗拒。"

克里斯汀·拉克鲁瓦

法国著名设计师克里斯汀·拉克鲁瓦，对面料的利用效率则是另一个极端。在高级定制全盛时期，他全面学习了服装定制的繁复技术，从而设计出很多奢华美丽的立裁礼服。在他30多年的职业生涯中，拉克鲁瓦凭借自己对历史服装的热爱，以及为剧院设计服装的热情，制作出许多时尚界中最精美的立裁服装。

乔治·阿玛尼

20世纪80年代期间，阿玛尼将非结构化男装推广到世界各地，这种服装的特点主要体现在男士夹克的放松量上，在此之前，萨维尔街一直注重量身定制。阿玛尼采用立裁方法制作出的宽松"权力套装"，摒弃了传统的制版方法，直接在人台上进行立裁，这也给女装带来了非结构化的审美。阿玛尼的服装设计使女性不必看起来"强势"，也能在商界占有一席之地（"只有全神贯注于细节，才能设计出与众不同的服装"）。

约翰 · 加利亚诺

这位英国时装先驱者，在其职业生涯早期的作品，深受薇欧奈和格蕾夫人的影响，尤其是受到了薇欧奈的"斜线剪裁"技术，以及格蕾夫人的服装雕塑技巧的影响。在2014年加入马吉拉时装屋之前，加利亚诺先后执掌纪梵希和迪奥品牌的设计。他设计的系列服装，虽然前卫而奢华，但仍强调立裁的艺术性。

拉尔夫 · 鲁奇

2002年，鲁奇受巴黎高级定制时装协会邀请（该协会通常只邀请协会的成员），在巴黎展示其设计的服装，成为了继梅因布彻（60年前）之后，第一位获此殊荣的美国设计师。鲁奇以采用具有试验性和创新性的设计方法，以为他的顾客制作出惊艳的服装作品而闻名于世。他是为数不多的拥有自主工作室的美国设计师之一，熟练的工匠们在工作室中，通过立裁制作出他设计的新作品，甚至还设计出属于鲁奇自己的纺织面料。

艾里斯 · 范 · 荷本

如今，高级定制时装屋仍担当着服装设计实验室的角色，立裁是整个设计过程中的核心。新兴的时装设计师，如艾里斯·范·荷本，将精细的手工工艺和数码科技结合在一起。作为高级定制时装协会的特邀会员，她因与麻省理工学院媒体实验室、艺术家和建筑师进行科技合作而闻名，是第一批将3D打印技术融入服装设计的设计师之一。她精通女性体型和科技知识，结合她的手工工艺，设计出非常现代化的高级时装。比约克、嘎嘎小姐、碧昂斯和蒂尔达·斯温顿等名人，都曾穿过她设计的服装。

学习如何立裁

掌握了立裁的基本知识之后，就会对立裁产生兴趣。如同在顶尖时装学院中学习一样，本书课程将从一系列的原型立裁开始，提供了一个非常扎实的立裁基础。基于这些立裁技巧，可以设计出独创性服装，并建立一个"原型库"。本书不仅教授如何围绕着人台来操作面料等相关立裁的基础知识，还注重在立裁过程中激发出创造力。每节课程中都会讲解一个新的设计元素，学完所有的课程之后，学习者就会深刻地了解服装的三维设计过程。一旦掌握了立裁基本知识，就可以进行各种类型服装的立裁了。

原型纸样是服装设计的基础，建立原型纸样库不仅为未来的制版工作提供基础纸样，还为其他类型的服装立裁提供基础知识。本书的上衣原型立裁课程，是后续所有上衣立裁的基础课程，该课程中的原型纸样，也是制版课程中的常用原型。合体上衣原型是设计连衣裙、夹克衫和衬衫纸样的基础原型，因此该原型是原型纸样库中的重要纸样之一。精确合体的上衣和衣身原型，可以保证接下来的所有设计服装都很合体，或者即使需要调整，也只需要在裁剪和缝制面料时，进行一些细微的调整。设计师和立裁师均偏向于使用白坯布（立裁用）——一种用于立裁服装的原布名称，因此本书将演示如何正确地使用白坯布和大头针来

一组原型纸样或者原型纸样库

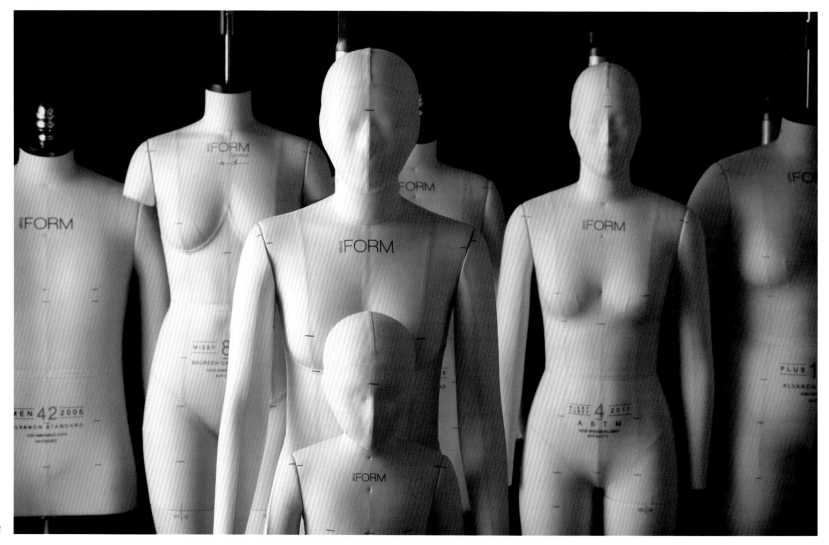

各式各样的人台

别合出上衣和衣身原型，以及如何在袖窿处假缝一个袖子。对于时装界的人来说，使用大头针立裁得到的闭合白坯布服装，应该与成品服装一样漂亮。本书还学习如何立裁裙装，先学习直筒裙的立裁过程。在直筒裙立裁课程中，会涉及到许多不同的设计思维，从A字裙到蓬蓬裙，从迷你裙到长裙等，由创造性思维衍生出许多变化款式。从基本直筒裙，逐渐变化到其他类型的裙子，还可以将其与紧身胸衣结合在一起，设计出连衣裙。随着学习如何立裁出当今时装界最流行连衣裙款式的加深学习过程，创造性思维也会逐渐从各方面进行发散。正如之前所述，这是学习立裁规则的机会，只有学会规则，才能在需要的时候有效地打破规则。

人台和布料

学习立裁之前，先要了解一些立裁过程中所需的工具。

最早出现的人台可以追溯到古埃及，1923年，英国考古学家和埃及古物学者霍华德·卡特，打开图坦卡蒙的坟墓时，发现了一个按照国王人体尺寸制作的木制服装人台，这个人台可能是用来展示衣服的。图坦卡蒙并非个例，一些亚洲和欧洲宫廷中的国王和王后，都有属于自己的人台。

在19世纪末期之前，只有最富有和最重要的人，才有资格拥有人台。当电灯点亮商店橱窗时，店面陈列开始使用人体模特来展示最新风格的服装。工业革命时期，随着缝纫机的发明，移动人台开始用于量身定做大批量生产的服装，市场上逐渐出现标准化尺码的人台。因此，人台公司开始生产各种可供服装制造商使用的规范尺码人台。服装制造商根据人台来立裁和测试服装原型，与此同时，时装界也完全接受了这些工具。

人台介绍章节中（见第27页），将简述人台的制作过程和立裁所需的人台种类。人台的选择性很大，人们很容易混淆并购买到错误的人台类型。立裁过程中需要使用到大头针，因此立裁用人台必须是"直插针"类型。本章节中，还将学习如何区分人体模特和立裁用人台。立裁用人台需要能够使得大头针直接插入，而不是像展示人台一样，大头针只能以一定的角度斜插进去。除此之外，立裁用人台应该带有轮子和升降功能，其尺寸是基于实际的人体尺寸而非一个夸张的"模特"体型，用其能够测试服装的合体性。时装设计师必须会说"时装语言"，这就需要掌握人台各部位的正确术语和缩写，包括半身女士人台、分衩女士人台（包含腿部）、男士人台和儿童人台，这些术语都包含在本章节中。

立裁入门都是先使用白坯布，立裁的基础知识课程（见第39~47页）——白坯布、校正、标记、熨烫，将教授辨别不同质量的立裁用白坯布并确定最适合的白坯布种类。在立裁之前预处理白坯布对提高服装的合体性至关重要，因此需要花费大量的时间在立裁前对白坯布进行修正和熨烫。预处理过程中，最关键的元素是纱向。采用纱向倾斜的白坯布进行立裁，会降低服装的平衡性和合体性。预处理完白坯布后，就开始学习如何添加辅助线，这有助于确保面料的纱向准确无误。另一个关键步骤是：精准测量人台的尺寸，以便可以裁剪出服装所需的白坯布尺寸——如果白坯布过大，则会妨碍立裁工作，如果白坯布过小，则需要重新开始预处理过程。

一块白坯布

上衣与衣身原型

衣身原型的立裁课程，先学习立裁的基本准备工作（包括测量人台尺寸来裁剪白坯布）：先测量、撕取、校正、熨烫白坯布。然后，在白坯布上添加辅助线，确保白坯布的经纬纱向在立裁过程中可以保持平衡，每件服装的立裁都要经过上述步骤。

除了学习如何立裁之外，还需要学习如何"修正"立裁衣片，这是建立正确纸样的关键步骤。每节衣身原型的立裁课程中，都会讲述如何修正立裁衣片来确保衣片缝线的平整和服装的合体性（确定立裁样衣能够合体地穿在人台或者真人身上之后，就可以修正衣片并拷贝这些修正后的白坯布样板到纸样上）。本课程还学习如何操作白坯布使其符合胸部形态，为什么省道和省道的位置如此重要，以及如何运用省道来作为一个设计元素。

如前所述，与在时装学院学习立裁课程的过程一样，本书从立裁一件基础的上衣原型开始入门学习立裁，上衣原型包含一个前肩省、一个后肩省和一个腰省。学完该课程后，继续学习如何立裁带有侧缝胸省的上衣原型，该课程将演示如何将前肩省和后肩省分别转移到侧缝和后领窝弧线处。上衣原型是常用原型，特别是设计一件裙装的时候，该原型是制版过程中使用的原型纸样库中最具有使用价值的原型之一。基础上衣原型和带有侧缝胸省的上衣原型在腰部都是合体的，但也可以直接减少腰省的省量来立裁出一件箱型上衣。

衣身原型

带侧缝胸省的衣身原型

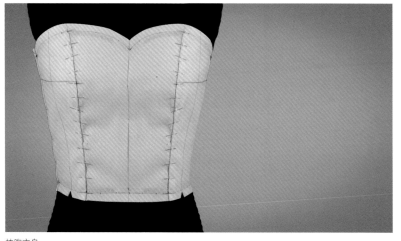

抹胸衣身

公主线分割的衣身

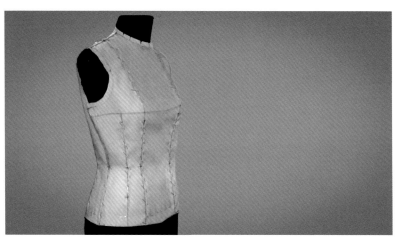

合体衣身原型

使用大头针假缝袖子

　　学会立裁的基础知识之后，就可以尝试立裁出一些变化款式，并从中发现乐趣。从法式省的紧身上衣至变化款上衣的立裁课程，都一直在学习如何在人台上立裁出衣片。带有公主线的上衣立裁课程则强调了纱线方向正确的重要性，该上衣是一款经典上衣，也是制作所有合体上衣的基础。上述课程将学习如何确定胸部省道的大小和位置，以及在立裁带有公主线上衣的过程中如何确保每片衣片的纱线方向都保持正确。合体衣身原型的立裁课程，将学习如何立裁超过腰围线并包含人台下部的衣身，以及如何延伸省道形成一

体式原型。如果想要制作出一件非常合体的衣身原型，则要了解如何处理省道并确定腰部放松量。合体衣身原型不仅是连衣裙、衬衫、夹克衫制版的基础原型，也是原型库中的关键原型，可以作为高臀、低臀裙装的基础原型。通过直接去除腰省，也可以制作出一件漂亮的箱型外套。

　　最后，本课程将学习如何正确地立裁出一个直筒袖，并使用大头针将其假缝到基础上衣原型的袖窿处，得到上图所示的立裁服装。

上衣省道处理与领口线

　　省道是确保服装合体性的关键要素，使用二维面料在人台上立裁出三维服装造型时，掌握怎么设计省道、在哪儿设计省道、为什么设计省道等知识，对设计师而言十分重要。幸运的是，这些立裁过程存在一定的规则。

　　众所周知，在立裁过程中，只有面料贴合胸部、腰部和臀部，服装才能具有较好的合体性。当然，如何制作一个基础服装是有方法的，但如果想让服装达到设计效果，要如何处理服装呢？要如何改变标准的服装结构呢？这两个问题，都可以使用省道处理来解决。省道处理是一项精巧的细节设计，成功掌握省道处理的技巧是设计师成熟的标志。学会了如何将多余的省量从肩部、腰部转移到一个省道中，如法式省上衣课程中所示，就可以应用这个技巧来将省道转移到服装的任意部位，如领口线或者前中线上的位置。

　　袖窿省的船形领衣身课程中，不仅演示了如何在袖窿处创建一个省道，还展示了如何设计一个船形领。想要设计出各种各样的领型，就要先学会如何使用造型标记带（立裁专用）在人台上规划出一条领口线，然后学习如何根据标记带来立裁出领口造型。综合使用这些技巧，就可以设计出无数种领口——V领、低圆领、方领、圆领、心型领、不对称领或者其他任何可以想象到的领型。

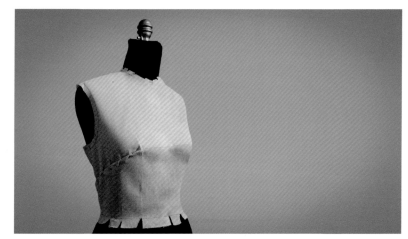

法式省的紧身衣身

袖窿省的船形领身衣

裙装

想要创建一个裙装原型纸样库，则要先学习如何立裁出一件基础直筒裙。但是，这个练习绝不是最基本的——一旦掌握如何立裁出这件裙子，就可以在未来设计出无数种裙装。

首先，使用造型标记带在人台上规划出前、后身的辅助线。然后，完成所有的常规立裁预处理步骤（测量人台尺寸，测量白坯布、撕取、校正、熨烫），并在白坯布上增加关键辅助线，保证白坯布纱向在立裁过程中可以保持平衡。基础直筒裙包含两个前省和一个后省，学习如何沿着腰围线确定省道的正确位置，以及如何确定每个省道的长度，是设计出一件合体裙子的关键步骤。本课程还学习如何完成底摆造型，以及如何正确地修正裙子的省道。修正裙子使其合体后，就可以将衣片拷贝到原型纸样上来用于制版，或者根据衣片进行面料裁剪、缝制、试穿。掌握了基础直筒裙的立裁方法之后，就可以尝试立裁出A字裙、高腰铅笔裙、迷你裙或者长裙。

裙装章节中，将继续学习中心线为经向的喇叭裙立裁，这节课演示如何使用"斜裁和垂落"的方法，来精心确定喇叭造型的位置并立裁出裙子。这种技巧也用于其他增加喇叭造型的服装，如从衬衫和连衣裙肩部和袖窿处开始下垂的喇叭造型，或者从阔腿裤腰围线处开始下垂的喇叭造型。本课程是将面料经向放在前中线处进行立裁，但也可以尝试在裙子的前中心处使用斜纹进行立裁。对于条纹面料或者柔软的裙子，使用斜裁会让裙子看起来更加好看。

在抽褶装腰裙课程中，将学习一种在女装和童装中都很受欢迎的打褶裙，该课程中的立裁技巧也适用于连衣裙。从带有轻度收腰的雪纺晚礼服，到趣味十足的小女孩裙装和连衣裙，打褶造型为服装的设计提供了许多选择。人们通常认为直接对面料宽边进行抽褶，然后将其与腰头缝在一起，就可以得到一件打褶裙。但事实并非如此，作者不仅需要根据面料的属性来采用正确的打褶和抽褶方法，还要使用含有恰当放松量的腰带，这样才可以使裙子的腰部能够合体并达到整体的平衡。运用这些技巧，可以使用不同的面料立裁出百褶裙，也可以在低腰连衣裙、裤子和上衣中添加褶裥，本章节还学习如何设计出一个包含纽扣和扣眼的腰头。

直筒裙

前后中线为经向的喇叭裙

抽褶装腰裙

连衣裙

如果想学习如何使用一大块白坯布来立裁服装，则要先学习如何立裁出一件直筒连衣裙。在此之前，本书已经演示了上衣、衣身和半身裙的立裁技巧，但这些服装使用的白坯布量仅为连衣裙立裁所需量的一半，因此如何使用一大块白坯布围绕人台，来立裁出连衣裙将会是一个挑战。直筒连衣裙课程将演示连衣裙的立裁过程，参考侧胸省上衣和后领省课程中的省道处理，本课程也将胸省放在侧缝处，但直筒连衣裙在侧缝处是直接垂落到底摆的，中间没有任何的腰省因而形成了箱式造型，穿着时既可以系一条腰带，也可以直接让衣摆散开。

在立裁连衣裙之前，先学习如何使用造型标记带在人台上贴出服装轮廓，以便使连衣裙在立裁过程中保持平衡。与本书中其他的服装立裁课程一样，要先测量记录出人台的尺寸，然后对白坯布进行预处理并画出辅助线。

下一节课程是紧身连衣裙，与直筒连衣裙不同，下节课将展示如何设计紧身造型来取代箱式造型。学习如何在腰围处添加省道，并同时保持连衣裙侧缝处的平衡，以上是下节课程中的一个重要知识点。除此之外，还学习如何设计一个低圆领。

在法式省A字连衣裙课程中，将学习如何设计一个无袖连衣裙并在腰围线处创建一个法式省来塑型，还学习如何设计一个V型领和一个背心式袖窿。

带有贴边的帐篷式连衣裙课程中，将学习如何立裁出一件带有礼服袖窿的船形领帐篷式连衣裙，以及如何设计领口和袖窿的造型线，还学习如何立裁出喇叭造型来增加裙子的丰满度。参考中心线为经向的喇叭裙课程，使用"斜裁和垂落"的方法来设计喇叭造型，其大小取决于自己的意愿。除此之外，本节内容还演示如何立裁出一体化贴边。

掌握了这些基础知识之后，就可以自由发挥想象力并探索许多新技能的应用。将这些立裁技术融入到服装设计中，能够更加自信地来立裁服装。学完本书课程后，可以得到一个完整的原型纸样库，如果后期想要学习制版，则这个原型纸样库作用较大。多纳泰拉·范思哲曾经说过"创意来自于思想的碰撞"，本书的目的就是兼具技术和思想来点亮创造力。

直筒连衣裙

紧身连衣裙

法式省A字连衣裙

帐篷式连衣裙

法式曲线尺

L形方尺

立裁工具

立裁首先会用到人台和平纹细布。立裁过程中会使用到一个女士人台和两种平纹细布（白坯布）：#1（中厚）平纹细布，这种面料是平纹组织，易于操作；#2（轻薄）平纹细布，这种面料的质地更加柔软且悬垂性更好。需要一把卷尺来测量人台和白坯布的尺寸，还需要一系列的尺子来画线：一把46cm的透明塑料尺，一把91cm的金属尺，一把放码尺（米尺）和一把L形方尺。除此之外，还需要使用法式曲线尺、造型曲线尺和臀部曲线尺来塑造曲线。裁剪时需要使用23cm长的剪布剪刀和一对纱剪，还需要裁缝大头针（最好是17#/27mm）和图钉（绘图钉）。利用裁缝专用描图纸和尖滚轮来标记白坯布纸样时，可以使用一个切割垫来保护工作台的表面。为了在人台上标记出造型线，需要使用下列几种类型和大小的造型（立裁专用）标记带：6mm宽的黏性标记带，3mm宽的黏性标记带和6mm宽的非黏性标记带，根据自我喜好选择造型标记带来进行立裁。标记和修正白坯布时，需要使用一只卷笔刀和两种铅笔：2HB和6B，还需要一支红色铅笔和一支蓝色铅笔。熨烫时，需要使用一个熨斗和烫板。缝制白坯布时，需要使用一根8#尖头手缝针和与之匹配的棉线、松紧线，除此之外，还需要一台带有通用压脚的缝纫机，一个抽褶压脚、一个绕线圈和一把螺丝刀。

塑料尺

描图纸

尖滚轮

弹力线

造型标记带

第1章

基础知识

本章介绍人台的相关知识，在时装行业中，人台常用于服装设计开发、立裁白坯布纸样以及测试服装合体性。通过在人台上操作白坯布或者其他面料，设计师可以查看最初的服装设计造型。

立裁的基础知识包括准备和处理白坯布。白坯布是大多数服装的标准立裁面料，一共有三种质感（重量）。本章节学习如何校正白坯布，确保白坯布拥有正确的纱向，从而保证成品服装的合体性和悬垂性。标记白坯布可以形成一个视觉辅助，有助于顺利完成立裁。

最后，使用白坯布完成专业立裁的关键是进行适当的熨烫。

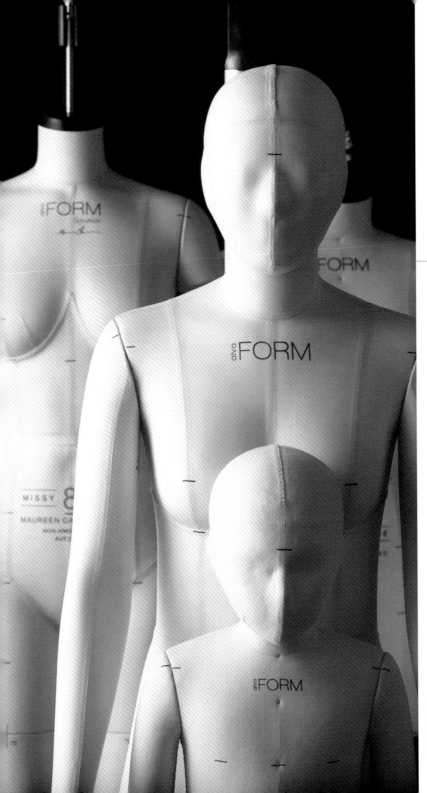

人台介绍

学习内容

□ 对不同的人台进行概述，并强调人台的基本特征；

□ 了解特殊用途人台的附件、尺码及形状；

□ 学习标准的人台术语和缩写。

立裁人台选择

人台是人体的全尺寸复制品，在时装界，人台和用于服装展示的"人体模特"是有区别的。

人台公司基于特定的目标市场来生产人台，如家庭缝纫市场，特定的时装屋、学校或者是某些特定的终端使用场所（如零售商店）。虽然许多人台公司都有自己的人台尺寸和结构标准，但大多数公司都愿意根据客户的人体尺寸来定制人台，有时还会因对人台进行某些修改而增加成本，比如在人台上增加更多的泡沫或织物层。

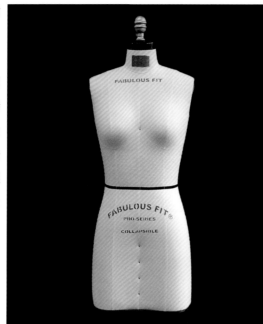

标准女士人台

商场人体模特

在人台上插入大头针

在时装行业设计领域中，可以直插大头针的人台是必备工具。这代表人台的结构必须能够直接插入大头针，从而可以在立裁和试衣过程中固定住面料。

对于半插针人台，只有从一定的角度插入大头针才能固定住面料。这些人台主要用于零售商店，其主要目的是展示商品。如果是为了设计而购买人台，就一定要正确选择人台。

直插针人台

半插针人台

除了检查人台是否为直插针人台外，还必须保证人台可以调节高度并安装在一个包含轮子的金属支架上。这是因为在立裁和试衣过程中，特别是设计长款晚礼服时，需要经常升高、降低人台。将人台从一个地方抬到另一个地方是不现实的，因此人台必须有轮子。

在人台上穿脱服装特别是紧身服装时，如果人台的肩部可以折叠，就会方便许多。

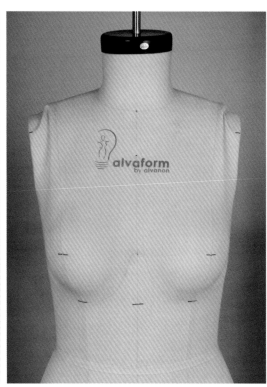

安装在轮子上的可调节高度人台　　　　　　　　　可折叠双肩的人台

避免使用商场展示人台（如右图所示），尽管这些人台比缝制用人台便宜很多，但它们的使用效果却较差，容易在试衣和设计服装过程中产生误差。它们没有服装设计所需的特征，这就意味着这些人台不是基于标准尺寸而设计的。

商场展示人台

有些人台还具有其他的一些特征，比如拥有可拆卸的肩部和手臂。分衩人台包含可收缩的臀部以及可拆卸的左腿。人台公司还会提供一些其他的附件，比如连裤紧身衣、可拆卸的脚部和头部、可弯曲的手臂、可拆卸的小腿，甚至还包括可拆卸的腹部等。

可拆卸的肩部

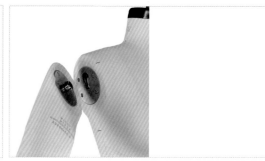

可拆卸的手臂

可收缩的臀部

可拆卸的左腿

连裤紧身衣人台

可拆卸的脚部

可拆卸的头部

可弯曲的手臂

可拆卸的小腿

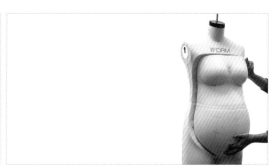

可拆卸的腹部

每个服装人台制造商都有其独特的人台制作方法。伍尔芙使用混凝纸浆来制作人台的外层框架，采用棉絮（填絮）和针织物作为填料来填充人台内部。阿尔瓦农人台则是采用成型的玻璃纤维来构造人台框架，然后使用毛毡或泡沫来覆盖框架；他们还制作了一个完全由记忆泡沫组成的人台，这个人台与人体软组织相似。"超合体"的人台是由玻璃纤维框架和泡沫组成的。

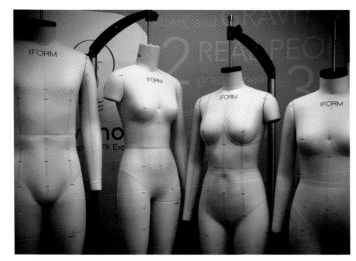

混凝纸浆里填满了棉絮和针织物　　外层覆盖着毛毡或泡沫的成型玻璃纤维框架

购买人台之前，应该先测试人台的可插针性，并确保其拥有立裁和测试服装试样合体性的全部功能。

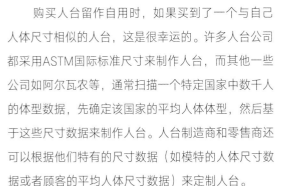

红边亚麻

所有的人台均有一个轮廓覆盖层，该层由一种特殊的亚麻面料制成，这种面料在业内被称为"红边亚麻"。

红边亚麻覆盖层

记忆泡沫人台

购买人台留作自用时，如果买到了一个与自己人体尺寸相似的人台，这是很幸运的。许多人台公司都采用ASTM国际标准尺寸来制作人台，而其他一些公司如阿尔瓦农等，通常扫描一个特定国家中数千人的体型数据，先确定该国家的平均人体体型，然后基于这些尺寸数据来制作人台。人台制造商和零售商还可以根据他们特有的尺寸数据（如模特的人体尺寸数据或者顾客的平均人体尺寸数据）来定制人台。

制作一个客户定制人台

人台公司为男装、女装和童装行业生产各种各样的人台,甚至还生产大码女士人台。

女士人台包括全身(也叫全开衩)、半身、全躯干、下躯干、上躯干和裤装人台(也叫分衩人台)。

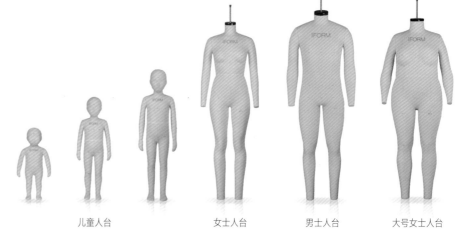

儿童人台　　女士人台　　男士人台　　大号女士人台

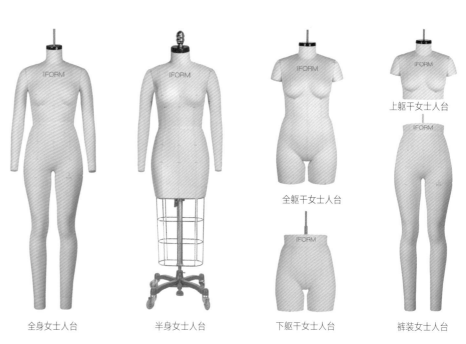

上躯干女士人台

全躯干女士人台

下躯干女士人台

全身女士人台　　半身女士人台　　下躯干女士人台　　裤装女士人台

特殊用途人台

- 直臀人台——运动服、单件服装、立裁初学者
- 丰臀人台——婚纱、晚礼服、针织服、紧身服
- 泳装人台——女士内衣、泳装、塑身衣、紧身胸衣

为了实现某些特定功能，会专门制作一些人台。例如，对于运动服和单件服装行业，首选直臀女士人台。如果想要立裁并测试婚纱、晚礼服、针织服和紧身服的合体性，则要选择丰臀女士人台。泳装人台拥有较为明显的身体曲线，常用于设计和测试内衣、泳衣、塑身衣和紧身胸衣。

½人台

为了节省时间和金钱，设计师有时会使用½人台来制作服装。

量身定制人台

如果生产定制型服装且顾客的体型变化多样，则需要购买多个尺寸的人台。但是，也可以使用"超合体"公司的简易填充拟合人台系统，来调整人台尺寸使其符合人体的各种微小变化。

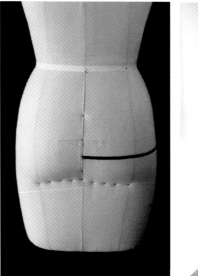

直臀人台   丰臀人台   泳装人台

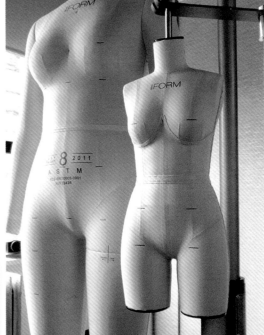

½人台   全尺寸人台的前面是½人台

女士半身人台：前面

正确了解人台相关部位的术语和缩写意义重大。

34

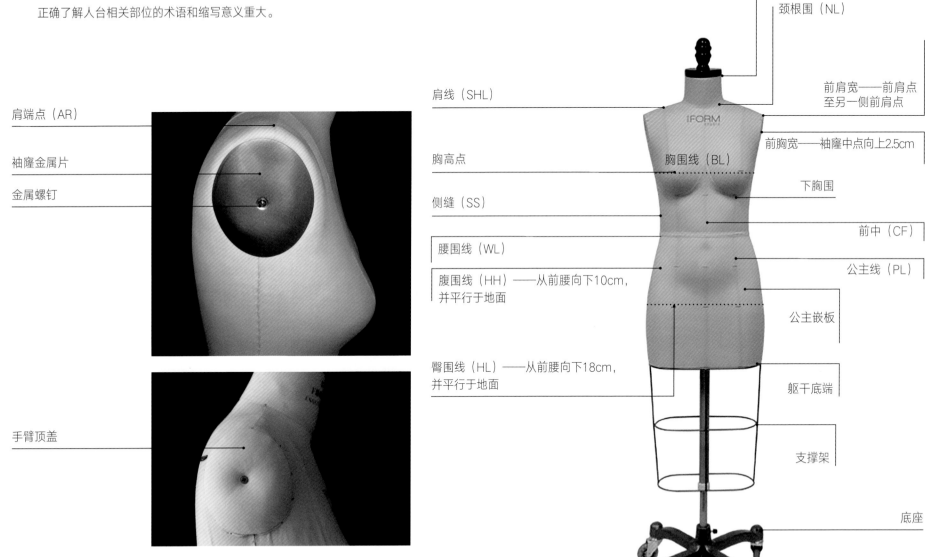

肩端点（AR）

袖窿金属片

金属螺钉

手臂顶盖

颈部（NB）

颈根围（NL）

肩线（SHL）

前肩宽——前肩点至另一侧前肩点

前胸宽——袖窿中点向上2.5cm

胸高点

胸围线（BL）

下胸围

侧缝（SS）

前中（CF）

腰围线（WL）

公主线（PL）

腹围线（HH）——从前腰向下10cm，并平行于地面

公主嵌板

臀围线（HL）——从前腰向下18cm，并平行于地面

躯干底端

支撑架

底座

底座踏板

女士半身人台：后面

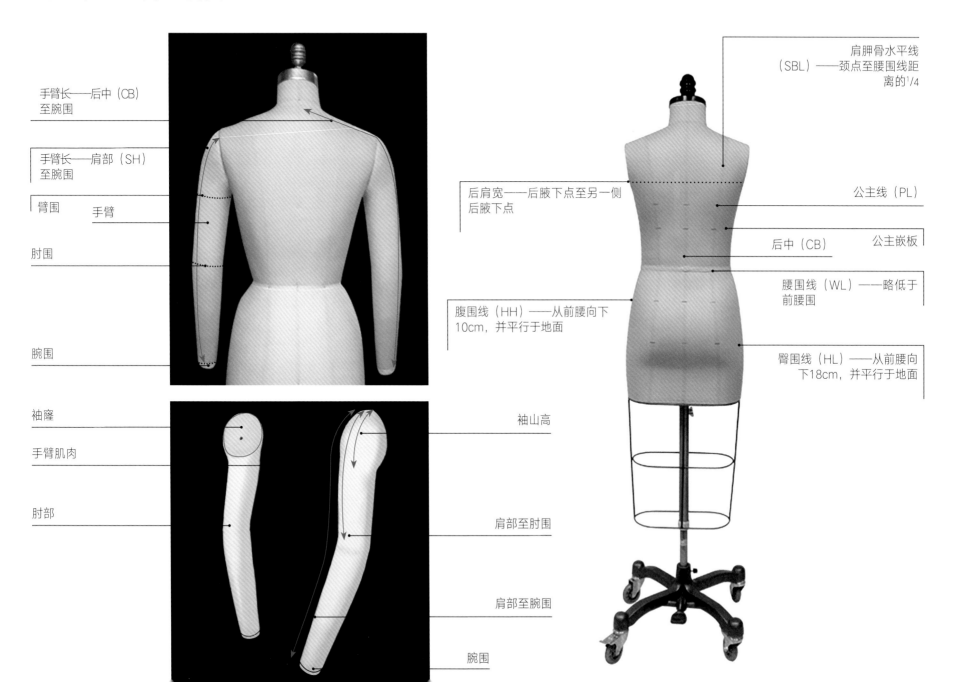

手臂长——后中（CB）至腕围

手臂长——肩部（SH）至腕围

臂围   手臂

肘围

腕围

袖窿

手臂肌肉

肘部

袖山高

肩部至肘围

肩部至腕围

腕围

肩胛骨水平线（SBL）——颈点至腰围线距离的1/4

后肩宽——后腋下点至另一侧后腋下点

公主线（PL）

后中（CB）   公主嵌板

腰围线（WL）——略低于前腰围

腹围线（HH）——从前腰向下10cm，并平行于地面

臀围线（HL）——从前腰向下18cm，并平行于地面

女士裤装/分衩人台

全身人台的上半身术语与半身人台相同，全身
人台的腰围下侧，即裤装人台的术语如下所述。

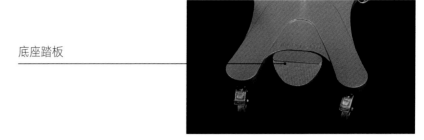

底座

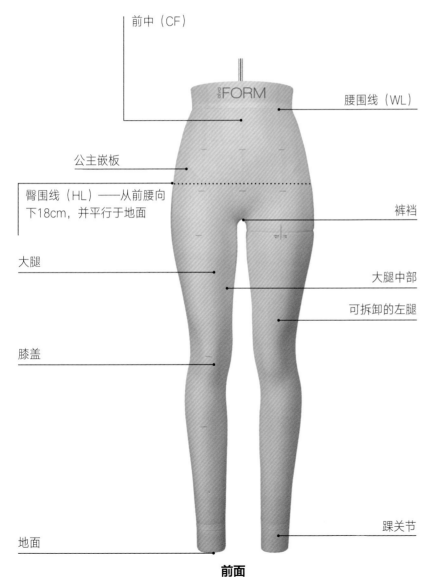

前中（CF）

公主嵌板

腰围线（WL）

臀围线（HL）——从前腰向
下18cm，并平行于地面

裤裆

大腿

大腿中部

可拆卸的左腿

膝盖

地面

踝关节

前面

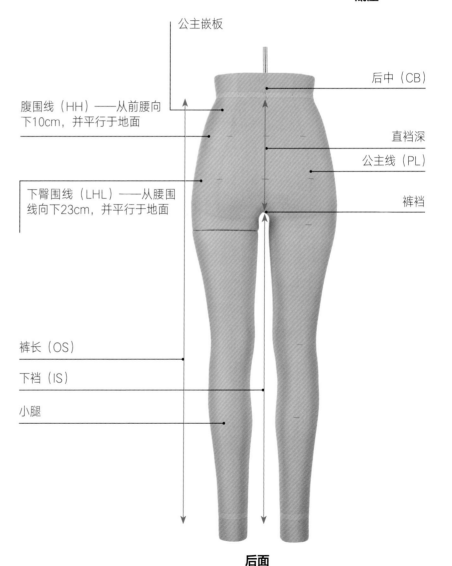

底座踏板

公主嵌板

后中（CB）

腹围线（HH）——从前腰向
下10cm，并平行于地面

直裆深

公主线（PL）

下臀围线（LHL）——从腰围
线向下23cm，并平行于地面

裤裆

裤长（OS）

下裆（IS）

小腿

后面

男士人台

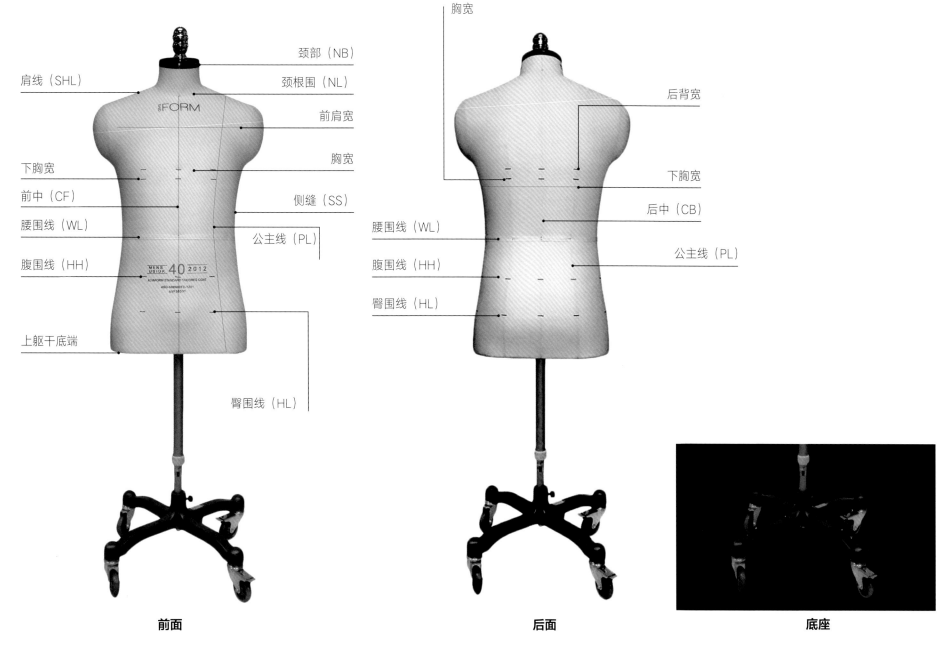

颈部（NB）
肩线（SHL）
颈根围（NL）
前肩宽
下胸宽
胸宽
前中（CF）
侧缝（SS）
腰围线（WL）
公主线（PL）
腹围线（HH）
上躯干底端
臀围线（HL）

胸宽
后背宽
下胸宽
后中（CB）
腰围线（WL）
公主线（PL）
腹围线（HH）
臀围线（HL）

前面　　　　　　　**后面**　　　　　　　**底座**

儿童人台

下面介绍儿童（男孩或女孩）人台的专业术语。

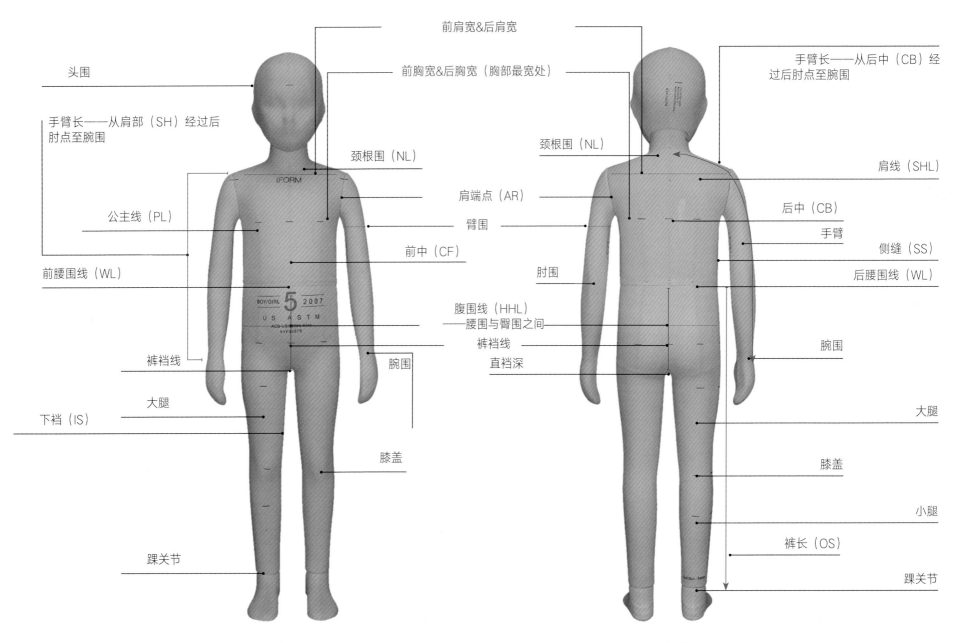

头围

前肩宽&后肩宽

前胸宽&后胸宽（胸部最宽处）

手臂长——从后中（CB）经过后肘点至腕围

手臂长——从肩部（SH）经过后肘点至腕围

颈根围（NL）

颈根围（NL）

肩线（SHL）

肩端点（AR）

后中（CB）

公主线（PL）

臂围

手臂

前中（CF）

侧缝（SS）

前腰围线（WL）

肘围

后腰围线（WL）

腹围线（HHL）
——腰围与臀围之间

裤裆线

腕围

裤裆线

直裆深

腕围

下裆（IS）

大腿

大腿

膝盖

膝盖

小腿

裤长（OS）

踝关节

踝关节

前面

后面

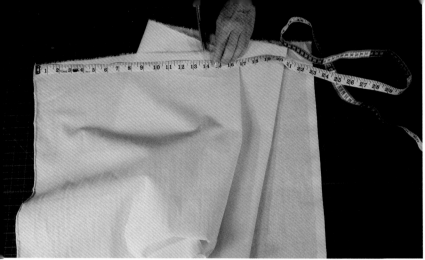

立裁基础——
白坯布、校正、
标记与熨烫

学习内容

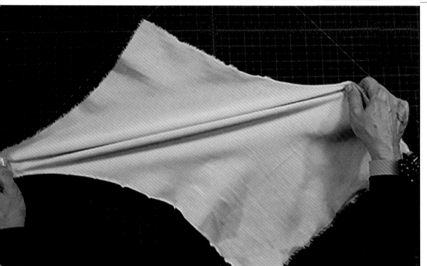

☐ 选择适合立裁的白坯布种类，根据立裁所需预处理白坯布；

☐ 通过对白坯布进行校正和熨烫，确保白坯布的经纱和纬纱方向相互垂直；

☐ 采用最佳方法在白坯布上画辅助线来表示白坯布的经纱方向。

立裁前预处理白坯布

布料：

• 1号平纹细布（中厚白坯布）

• 2号平纹细布（轻薄白坯布）

• 裁剪用帆布（厚重白坯布）

本课程学习立裁所需的白坯布种类，以及立裁前如何预处理白坯布；还学习如何识别面料纱线方向，以及如何在立裁前对白坯布进行裁剪、校正、标记、熨烫，从而使立裁作品看起来平衡度好、合体度高、专业性强。

首先了解立裁的定义，立裁是时装行业中常用的一种三维立体工艺，用来制作系列设计服装的纸样。立裁既可以使用服装的真实面料，也可以使用恰当的替代面料。人们常使用三种类型（质量）的平纹细布来进行立裁，每个面料供应商皆根据自己的产品名称来命名这三种平纹细布。但在时装行业及时装院校中，人们经常称这些面料为1#平纹细布、2#平纹细布、裁剪用帆布或者白坯布（中厚、轻薄、厚重）。

初学者可以根据自己的技术水平来选择合适的白坯布。为了使立裁服装达到最佳的视觉效果，所选白坯布的手感要类似于最终使用的服装面料。无论使用什么类型的白坯布，都要在立裁前进行熨烫，以防白坯布未进行预缩处理。

什么是白坯布？

白坯布是一种未经漂白、喷胶的经济棉织物，即未曾经过织物整理，是试验和设计立裁作品的最佳面料选择。

为系列设计服装选择合适的白坯布，是成功立裁出作品的关键一环。

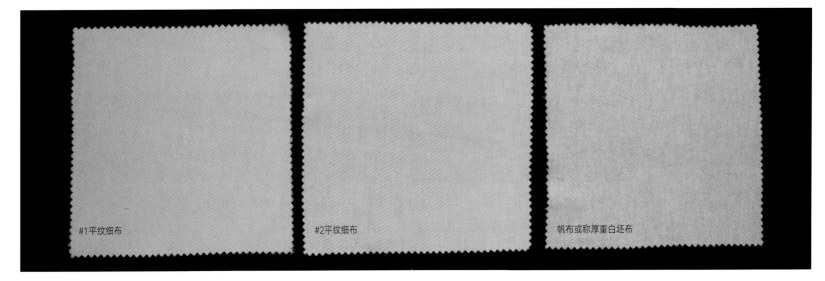

#1平纹细布　　　　　　#2平纹细布　　　　　　帆布或称厚重白坯布

#1平纹细布（中厚白坯布）是一种粗糙的、未漂白的、未整理的棉布。它由松散的平纹组织纺织而成，可以轻易地看到面料的经纱和纬纱，其幅宽在90～300cm之间。

#2平纹细布（轻薄白坯布）也是未漂白的100%纯棉布，但其与1#平纹细布不同的是，该平纹细布的组织结构更加紧密，因此它的经纬纱不太明显。2#平纹细布比1#更轻薄，其纱线也更细，常用于柔软服装造型的立裁，如长裙和斗篷，它的幅宽在90～305cm之间。

裁剪用帆布，或称厚重白坯布，也是未漂白的100%纯棉布。这种质地的白坯布组织结构是最密的，其硬度和重量都高于1#和2#白坯布。裁剪用帆布较难处理，主要用于立裁夹克衫和外套，或者其他结构型服装，它的幅宽在114～168cm之间。

#1平纹细布是立裁初学者的最佳选择，适用于基础上衣原型（见第49页）、直筒裙原型（见第201页）等其他一些需要中厚面料的立裁。这种面料易于操作，且有一点点的硬度，易于标记和修正。

可以使用以下几种方法，来辨别#1平纹细布的垂直纱向，也叫纬纱：

- 纬纱上有结，且没有经纱结实。
- 纬纱比经纱的毛羽更大，如图中的白坯布毛边所示。
- 纬纱有稍微的延伸，经纱没有延伸。

可以使用以下4种方法，来辨别#1平纹细布的水平纱向，也叫经纱：

- 与粗节纬纱相比，经纱更直。
- 面料在经纱方向上更加平顺，而在纬纱方向上则有些凹凸。
- 经纱比纬纱更加结实牢固。
- 经纱方向没有弹性，这就是为什么有些服装，特别是裤子要沿着经纱方向进行裁剪，沿着经纱方向裁剪的服装具有良好的悬垂性。

另一种辨别面料经、纬纱向的方法是：如果沿着纬纱折叠面料，则面料会稍微隆起且不会变平；如果沿着经纱折叠面料，则面料的纱向保持一致，折痕很容易变平。这个方法在辨别正方形面料的纱向时十分实用。

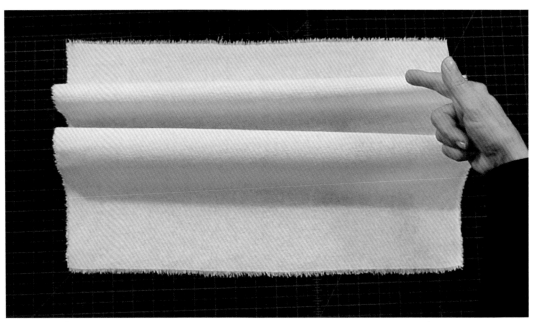

平纹细布垂直纱向：纬纱

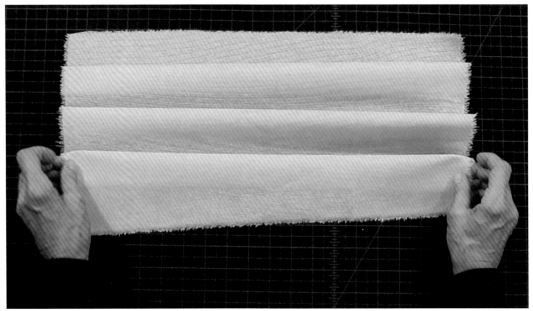

平纹细布水平纱向：经纱

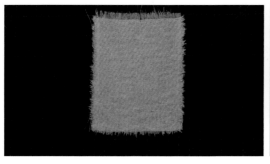

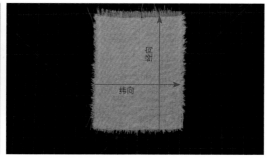

机织面料的纱向是指纱线（丝线）在织物中编织的方向，平纹细布是由两组纱线交织而成。

水平纱向（经纱）的编织方向是垂直的，且平行于布边。垂直纱向（纬纱）的编织方向是水平的，从面料的一侧布边编织到另一侧布边，这两种纱向都叫做"平纹"。

一块机织面料在纬纱方向有稍微的延伸。

一块机织面料在经纱方向几乎不能被延伸。

平纹细布在斜向上的延伸性最好，如上图所示，拉住织物的两端，使其沿对角线方向拉伸。

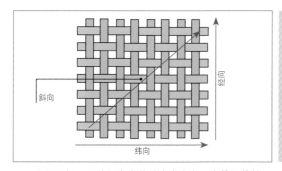

众所周知，平纹细布在纬纱方向上有一定的延伸性。但如果想要让面料达到最大的拉伸量来制作出贴合人体曲线的服装，就一定要将织物进行倾斜成斜向来立裁服装，斜向就是纬纱与经纱呈对角线的方向。

小技巧：

拥有正确识别和使用织物纱向的能力，是实现精确立裁和排版的关键。如果服装的纱向出现歪斜或者错误，就会降低服装的悬垂性和合体性，最终得到一件外观造型和穿着舒适性都较差的服装。

模块3：

准备白坯布：测量与撕取

步骤1A

准备立裁用白坯布的第一步是去除布边，这是因为布边对面料有约束力。这个案例中，已经使用剪刀剪开布边，故而可以用手直接撕开面料。

步骤1B

接下来，测量并撕出所需的白坯布衣片。测量出所需的白坯布长度，然后使用剪布剪刀剪开布边。

步骤1C

沿着幅宽撕开白坯布，重复上述步骤处理另一条长边。

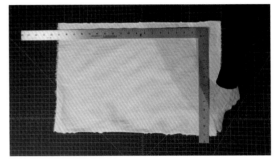

步骤2

如果想要保证面料的纱向能够顺直（不管是纬向还是经向），最好的方法就是直接手撕面料，而不是使用剪布剪刀来裁剪面料。

步骤3

检验纱向是否顺直的一种方法，就是从白坯布的边缘挑出一根纱线，如果纱向顺直，则纱线应该可以从白坯布的一头直接挑到另一头。

模块4：

校正白坯布

步骤1

测量并撕开白坯布后，下一步就是"校正"白坯布。校正就是操作面料使其纬纱和经纱相互垂直，具体步骤如下所示。

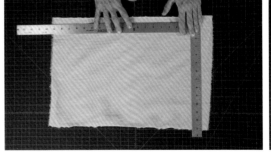

步骤2A

将白坯布放在工作台上，用L形方尺的边缘或者工作台的边角来对齐白坯布的纬纱、经纱边缘。如果白坯布的边缘是卷曲的，则用手轻轻地将其抚平。

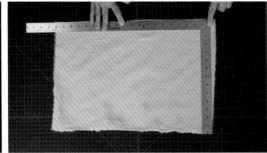

步骤2B

请注意：上图中，白坯布的边缘与L形方尺的边缘是不对齐的，这意味着该布片需要"校正"。

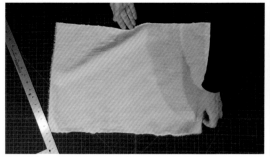

步骤2C

校正白坯布：拉住纱向倾斜部位的对角。

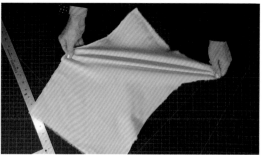

步骤2D

先沿着对角线，轻轻地拉伸白坯布，这样有助于归位纱向。

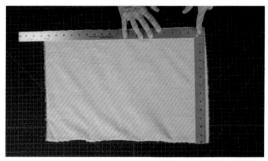

步骤3A

然后，把白坯布放回工作台上，使用L形方尺检查白坯布的边缘是否对齐。如上图所示，该布片还需要再一次进行校正。

步骤3B

重复上述步骤，拉伸白坯布边角。

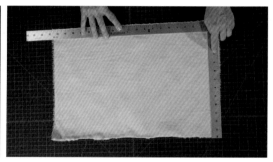

步骤3C

如上图所示，将白坯布放回工作台上，再次检查白坯布的边缘是否与L形方尺对齐。

步骤4A

另一种检查白坯布是否需要校正的方法是：沿着纬纱方向对折白坯布，并对齐边角。

步骤4B

翻转白坯布，沿着经纱方向对齐边角。如果纬纱方向或者经纱方向上的边角不对齐，则需要对白坯布进行校正。

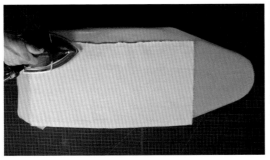  

步骤1

校对完白坯布后,准备使用熨斗来熨烫白坯布。注意,先使用无蒸汽熨斗来烫平白坯布的褶皱与边缘,这一步至关重要。

步骤2

熨斗要始终沿着纱线方向来推移,请勿在对角线上推移,否则白坯布的纱向可能会发生拉伸。如果白坯布的纱向发生拉伸,则需要重新校正白坯布。

步骤3

烫平白坯布后,使用蒸汽熨斗来固定纱向。

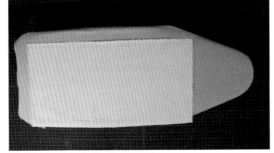 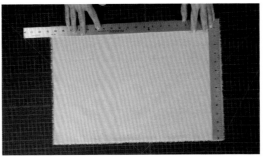

步骤4

等白坯布冷却之后,再从烫板上取下白坯布。

步骤5

使用L形方尺对齐白坯布的边缘,检查其纱向在熨烫过程中是否发生了变化。

  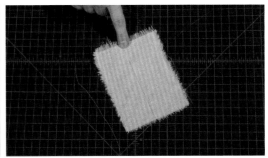

步骤1A

本书的每一章节都要求立裁之前,需要在白坯布上标记"辅助线"。标记辅助线的一种方法:使用尖头2HB铅笔,沿着白坯布的纱向画一条直线,如上图所示。

步骤1B

也可以从经纱或者纬纱方向抽出一根纱线,如上图所示。

步骤1C

虽然这样做很耗时,但使用这种方法来寻找纱向更加准确。

步骤2A

还有一种方法：先使用图钉（大头钉）的尖端划出辅助线。

步骤2B

然后，使用铅笔和尺子沿着划痕，画辅助线。

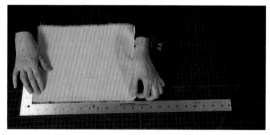

步骤3

画完辅助线后，需要重新校正白坯布并使用蒸汽熨斗熨烫白坯布，使其纱向保持固定。要确保白坯布冷却之后，再从烫板上取下白坯布。校正并熨烫完所有的白坯布之后，就可以开始立裁了。

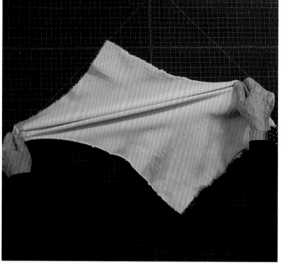

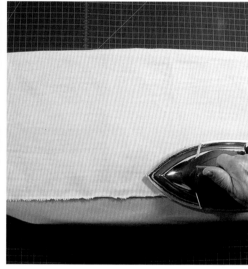

小技巧：

推荐使用2HB石墨铅笔在白坯布上画线条。在HB铅笔分级系统中，字母"H"表示铅笔的硬度，字母"B"表示铅笔的"黑度"和铅的柔软度。比如，4HB铅笔比2HB铅笔软。在白坯布上标记线条时，一定要使用削尖的铅笔，因为笔尖可以很容易地沿着纱向画出直线，千万不要使用记号笔。

下页图：艾顿设计的拼接直筒连衣裙，2015年秋季

第2章

上衣

立裁出胸部和臀部都合体的上衣，是设计多款连衣裙的基础技能。本章先从一件基础的上衣原型开始学习，在第一节课程中，将学习许多重要的基础知识，包括在立裁之前，如何对白坯布进行必须的预处理工作。

侧胸省上衣是最常用的上衣原型之一，这节课程中还学习如何设计领省和腰省，该立裁练习中涉及到的技巧对制版也很重要。

对于紧身上衣和公主线上衣，将借助公主线来代替省道，设计出合体的服装造型。本节课程将学习如何立裁出一件合体衣身原型，其不仅需要在腰部进行塑型，还要求衣长达到臀部。

本章还学习如何绘制一个直筒袖，该袖对紧身上衣、上衣和连衣裙设计至关重要。最后，使用大头针将袖子假缝在袖窿上来测试袖山余量和袖子匹配度，并查看袖子在人体上的穿着效果。

詹巴迪斯塔·瓦利使用蝴蝶贴花，以点缀基础款的上衣和裙子，2014春夏

上衣原型

学习内容

- [ ] 准备人台和白坯布：在人台上添加辅助线，提取人台尺寸，准备白坯布并在上面标记出必要的辅助线；

- [ ] 学习立裁的第一步：根据辅助线，将白坯布贴合到人台上，并留出放松量；

- [ ] 学习正确的标记技巧，并掌握白坯布的标记线位置；

- [ ] 了解如何添加省道以及确定省道的位置来创建腰省和肩省；

- [ ] 接下来，修正衣片：添加标记，修正衣片的轮廓线使其平滑圆顺，并确保缝线平顺和省道的两条边等长，添加缝份；

- [ ] 沿着缝线对齐纱向线，使侧缝保持平衡。

布料：
- 1号平纹细布（中厚白坯布），长1m。

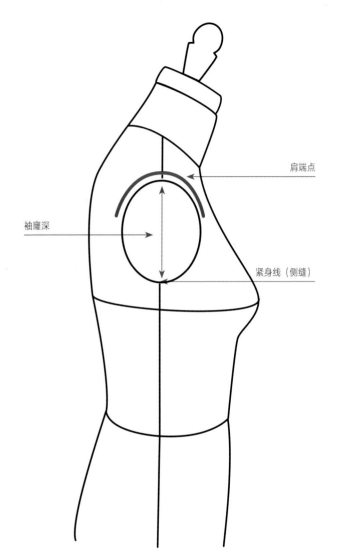

肩端点

袖窿深

紧身线（侧缝）

女子的袖窿深表

肩线、袖窿的交点至侧缝、袖窿的交点（贴体线条）

美码	英码	英寸	CM
2	6	5¼	13.3
4	8	5⅜	13.5
6	10	5½	14
8	12	5⅝	14.3
10	14	5¾	14.6
12	16	5⅞	15
14	18	6	15

测量人台的袖窿深：从肩线、袖窿的交点竖直向下测量到侧缝（紧身线）。

小技巧：

众所周知，在时装行业中，原型、样板是设计师和制版师进行各种系列服装设计的基础工具。许多时装公司为了节省时间，会制作出各种各样的系列样板。

模块1：

准备人台

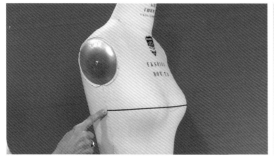

步骤1

先在人台上使用造型标记带（立裁专用）来标记出胸围线，标记带从左胸点开始，经过右胸点，到达右侧缝。

步骤2

然后，在人台背部的肩胛骨处，从后中线至袖窿脊，水平贴上标记带。标记带的长度是领围线至腰围线之间垂直距离的 $1/4$，确保所有的标记带均平行于地面。

模块2：

测量人台尺寸

步骤1

沿着胸围线，从前中线测量到侧缝，然后加上10cm，这就是前片白坯布的宽度。使用上衣原型尺寸表（见第52页）来记录该数据和其他尺寸测量数据。

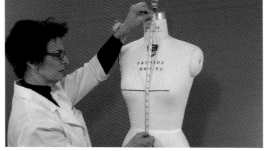

步骤2

测量前片白坯布的长度：从人台颈部向下，竖直测量到腰围线标记带的下侧，再加上7.5cm。

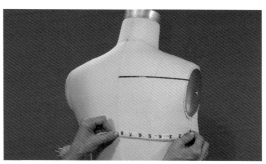

步骤3

在人台背部的袖窿金属片下侧，从侧缝至后中线，测量出背部最宽的宽度，再加上10cm，这就是后片白坯布的宽度。

步骤4

接下来，再一次测量人台背面颈部至腰围线标记带下侧之间的距离，再加上5cm，这就是后片白坯布的长度。

上衣原型尺寸表

白坯布	单位	CM
前片宽度（沿着胸围线，从前中线至侧缝）+10cm		
前片长度（人台正面颈部至腰围线标记带下侧）+7.5cm		
后片宽度（袖窿金属片下侧，从侧缝至后中线，背部最宽的宽度）+10cm		
后片长度（人台背面颈部至腰围线标记带下侧）+5cm		
人体尺寸		
前身（前中线上，颈部至胸围）		
胸点至前中线（沿着胸围线）		
前片侧缝至胸点（沿着胸围线）+3mm放松量		
后身（沿着肩胛骨水平方向，后中线至肩端点）+6mm放松量		

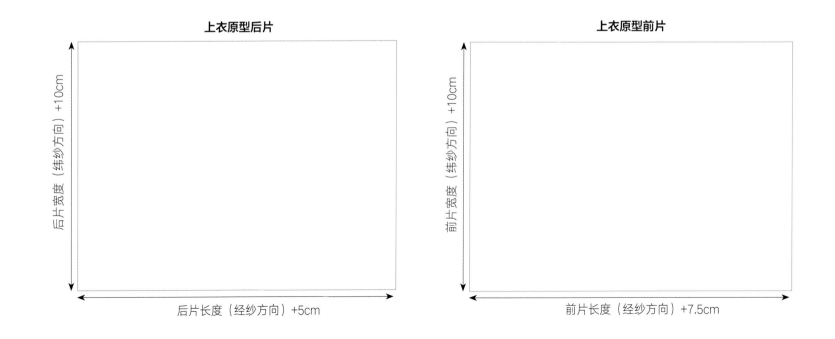

上衣原型后片

后片宽度（纬纱方向）+10cm

后片长度（经纱方向）+5cm

上衣原型前片

前片宽度（纬纱方向）+10cm

前片长度（经纱方向）+7.5cm

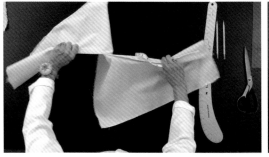 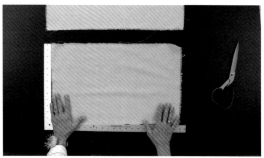 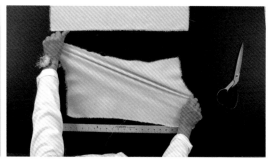

步骤1

基于人台尺寸测量数据，准备前片、后片白坯布。测量出所需的白坯布大小，沿着纱线方向撕开白坯布，校正白坯布的经纬纱向确保两者互相垂直。

步骤2

利用L形方尺，来检查白坯布的四角是否呈直角。

步骤3

翻转白坯布，根据实际情况决定是否需要重新校正经纬纱方向（见第43、44页）。

53

步骤4

沿着经纱方向熨烫白坯布。

小技巧：

使用剪刀剪开布料2cm，沿着纱线方向撕拉面料，可以轻易地撕开大多数的白坯布。

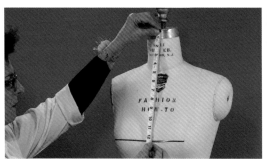  

步骤1A

标记白坯布之前，需要测量一些尺寸数据。先测量前身，从颈部向下至胸围标记线。

步骤1B

接下来，测量胸点至前中线的距离。

步骤1C

然后，测量侧缝至胸点的距离，再加上3mm的放松量。在上衣原型尺寸表中记录出所有的数据（见第52页）。

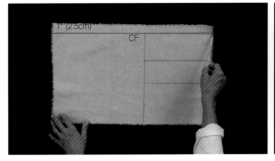

步骤2

取出前片白坯布，从右侧经纱方向的布边，向里测量2.5cm（即上图的顶端），画一条辅助线，这条线就是前中线（CF）。

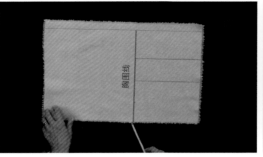

步骤3

沿着前中线向下测量出前身的距离（颈部至胸围），再画一条辅助线，这条线就是胸围线。

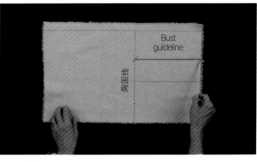

步骤4

沿着胸围线，测量出胸点至前中的距离，标记出胸点，经过该点画一条辅助线，这条线就是胸点辅助线。

步骤5A

从胸点向下，测量出胸点至侧缝的距离再加上3mm的放松量，画出标记点，这就是侧缝的位置。

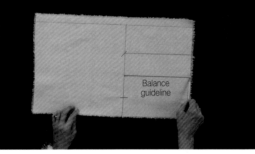

步骤5B

从胸点至侧缝的中点位置，向下画一条辅助线，这条线就是平衡辅助线。

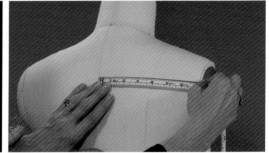

步骤6

沿着肩胛骨水平线，测量出后中线至袖窿的距离，再加上6mm的放松量。将数据记录在上衣原型尺寸表中（见第52页）。

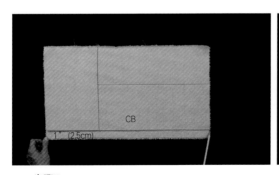

步骤7

取出后片白坯布，从左侧经纱方向的布边，向里测量2.5cm，画一条辅助线，这条线就是后中线（CB）。

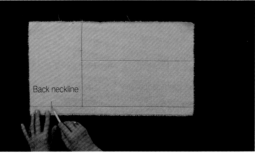

步骤8A

从后片白坯布顶端向下测量7.5cm，画出标记点，这就是领口线的后中位置。

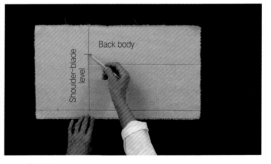

步骤8B

从领口线的后中，向下测量出该点至肩胛骨水平线的距离，画一条辅助线。沿着这条线测量出后身的长度加上6mm的放松量，画出标记点。

步骤9

从后身标记点向下3cm，再画一个标记点，经过该点画一条辅助线，这条线就是后片平衡线。

步骤10

标记完白坯布之后，再一次校正、熨烫白坯布，为立裁做准备。

步骤11

沿着前、后片白坯布的余量边缘，向里折叠2.5cm，并用手指按压折线，请勿熨烫，因为熨烫会使面料沿着纱线方向发生拉伸。

模块5：

立裁前片

小技巧：

立裁初学者经常会犯一个错误：不沿着白坯布的折边（前中、后中、侧缝、省道）进行插针。

步骤1

立裁前片：对齐白坯布和人台的胸点，使用两个大头针固定住该点。

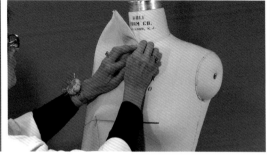

步骤2

使用大头针，沿着前中线向上至领口线，固定住白坯布，确保白坯布和人台的胸围线保持对齐。

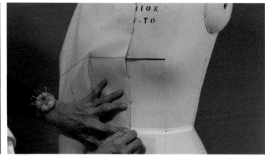

步骤3

沿着前中线从胸围至腰围固定白坯布时，要记得在两个胸点之间保留胸部放松量，不能紧贴着人台来固定白坯布。

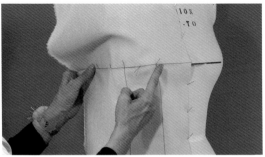

步骤4

沿着胸围线，使用大头针从侧缝至胸点固定白坯布，确保大头针的插入方向是相互交错的，这有助于增强白坯布在立裁过程中的稳定性，胸点至侧缝之间的放松量为3mm。

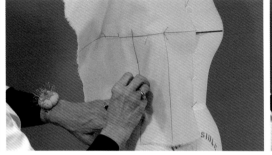

步骤5A

使用大头针，沿着平衡辅助线向下至腰围线固定住白坯布，确保平衡辅助线垂直于胸围线。

步骤5B

当到达腰围线时，使用大头针在腰围线与平衡辅助线的交点处，别合一部分的放松量。

步骤6

在袖窿和侧缝的交点处，插入一枚大头针。

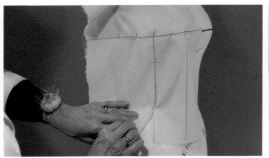

步骤7

接下来，沿着辅助线底端向上剪开至腰围线标记带的下侧，释放腹部区域。

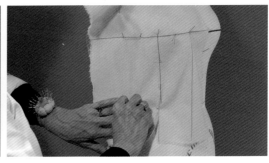

步骤8

沿着腰围线，继续插入大头针，直至侧缝、腰围线的交点。

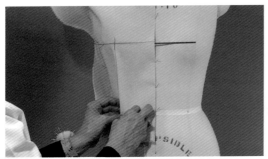

步骤9

使用大头针在腰围线标记带的下侧位置，将布料的余量别合在一起形成腰省，腰省的中线是经过胸点的辅助线。

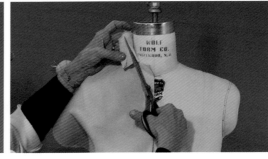

步骤10A

抚平领口线处的白坯布，用指甲沿着领口线划出折痕。使用剪刀，从折痕向上2.5cm，在领口线的前中位置，剪掉一块2.5cm宽的长方形白坯布。

步骤10B

沿着领口线打剪口：剪开领口线上侧多余的布料至折痕，注意不要剪过折痕。

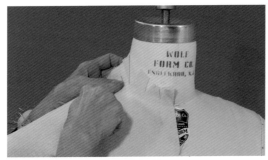

步骤11

在领口线和肩线的交点处，插入一枚大头针。

步骤12

抚平胸部及胸部以上的白坯布，在肩部捏一个肩省。将多余的面料折叠进肩省里面，抚平面料上的所有褶皱，肩省的省缝应该与人台的公主线对齐。肩省与腰省的处理方法各不相同，腰省的省量在面料外面，而肩省的省量则在面料的里面。在公主线和肩线的交点处，插入大头针来固定住省道。

步骤13

然后，在肩线和袖窿的交点处，插入一枚大头针。

模块6：

标记前片轮廓线

步骤1A

开始标记前片白坯布，在前中线、领口线的交点处，画一个短横线，沿着领口线画一些小圆点。

步骤1B

在肩线、领口线的交点处，标记十字记号。

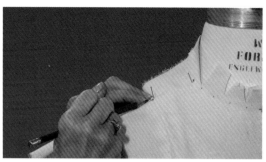

步骤2

在省道折叠处，和肩线、人台公主线交点处，标记十字记号。

小技巧：

使用短横线来指示标记线的方向。例如：在领口线上，标记出前中线、后中线及省道缝的方向。使用圆点来标记曲线如腰围线、领口线或者省尖点。使用十字记号来表示直角，比如袖窿/侧缝或者侧缝/腰围线的交点。

步骤3

标记出袖窿和肩线的交点。

步骤4

然后，沿着肩端点至金属螺丝水平位置，用圆点标记出袖窿弧线，并在螺丝水平位置，标记十字记号。

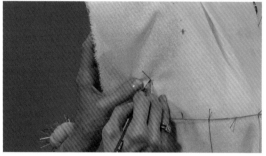

步骤5

在侧缝、腋下的交点处，再画一个十字记号，人们也将侧缝叫做"紧身线"。

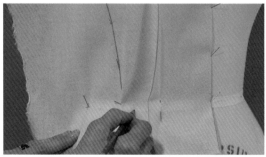

步骤6

在腰围线、侧缝的交点处画一个十字记号，沿着腰围线标记带的下侧，标记圆点记号至腰省。

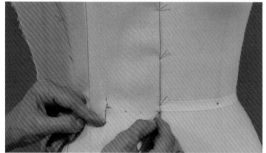

步骤7

标记出腰省的两侧，然后继续沿着腰围线，标记圆点记号至前中线、腰围线的交点，在该交点处标记一个短横线。

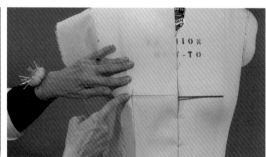

步骤8

做一个肩省，将肩省指向胸点。

步骤9

将腰省指向胸点，并抚平腰省。

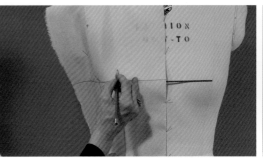

步骤10

距离胸点2.5cm，标记出肩省的省尖点。

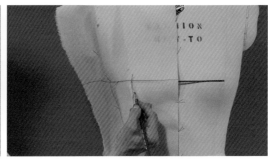

步骤11

距离胸点2.5cm，标记出腰省的省尖点。注意：胸部越丰满，则省尖点距离胸点越远。

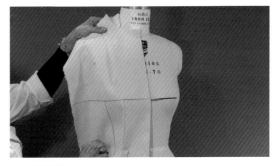

步骤12

将前片白坯布从人台上取下来之前，要确保已经标记出白坯布上所有的记号。

模块7：
修正前片样板

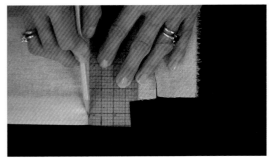

步骤1A

将前片白坯布平铺在工作台上，先修正领口线。在距离前中线、领口线的交点大约6mm处，垂直于纬纱方向画一条线。在前中线处，将领口线向下落6mm或者1.3cm来匹配衣领。

步骤1B

使用法式曲线尺修正领口弧线至肩缝处。

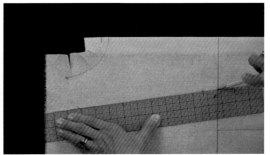

步骤2

连接肩线上靠近前中线的一个标记点和胸点，修正肩省。

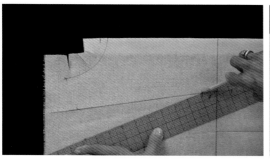

步骤3

接下来，连接肩省的省尖点和肩线上对应的标记点。

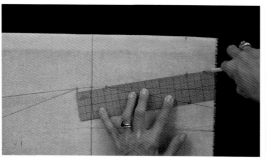

步骤4

修正腰省：先确保腰省的两条省道长度相等，如果两条省道的长度有差异，则需要修正省道。然后，连接省道至省尖点。

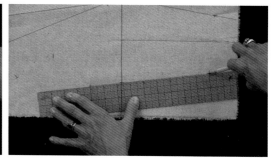

步骤5A

接下来，修正侧缝。先连接侧缝、袖窿交点与腰围线、侧缝交点，这条线就是紧身线。

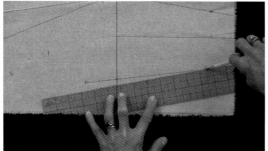

步骤5B

如果想制作一件带袖的紧身上衣，则将腋下点向下落2.5cm，在腰围线处将侧缝向下延长1.3cm；如果想制作一件无袖紧身上衣，则将腋下点向下落1.3cm，延长侧缝6mm。

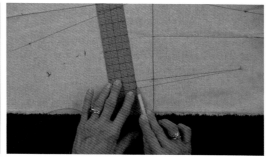

步骤6A

校正袖窿弧线之前，先垂直于侧缝将袖窿弧线向下落1.3cm。

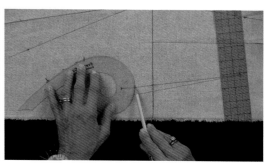

步骤6B

调整法式曲线尺来修正袖窿弧线，使其经过下落或延长的标记点、金属螺丝水平标记点和肩端点。然后，画出新的袖窿弧线。

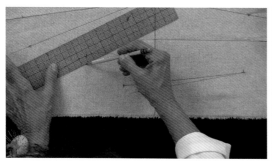

步骤6C

添加袖窿弧线缝份至金属螺丝水平标记点。

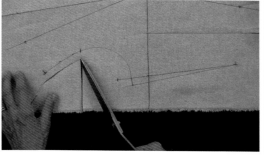

步骤6D

修剪掉多余的白坯布。

步骤7

沿着下落的领口线添加1.3cm的缝份，修剪掉多余的白坯布。

小技巧：

借助辅助工具来修正曲线，有时候圆点记号会超出曲线标记线，这时，可以使用工具来绘制一条平滑圆顺的曲线。

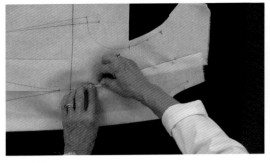

步骤8

先用手指按压住肩省，然后使用大头针来别合肩省，省量折向前中线方向。

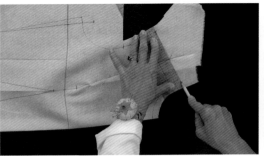

步骤9

修正肩缝：使用透明塑料尺，连接领口标记点和肩点标记点。

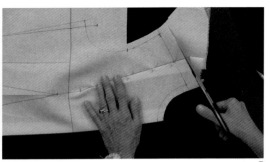

步骤10

添加2.5cm的缝份，并修剪掉多余的白坯布。

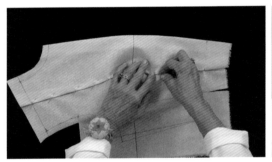

步骤11

接下来，使用手指按压住腰省，并使用大头针来别合腰省，省量折向前中线方向。

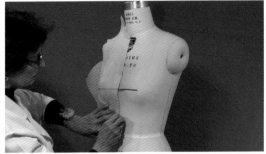

步骤12

将前片白坯布放回人台上，确保其位置与立裁过程中一致。对齐所有的关键部位，如领口线、前中线、腰围线、以及肩线与领口线的交点。

步骤13

对齐肩缝，然后将大头针平插入肩缝的缝份中。

步骤14A

对齐白坯布与人台的侧缝，沿着侧缝间隔大约2.5cm，垂直插入大头针。

步骤14B

立裁后片时，沿着侧缝翻转前片来确保前片白坯布的稳定性，使用大头针固定住翻转的衣片。

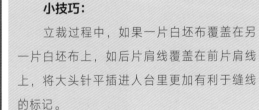

小技巧：

立裁过程中，如果一片白坯布覆盖在另一片白坯布上，如后片肩线覆盖在前片肩线上，将大头针平插进人台里更加有利于缝线的标记。

步骤1
对齐后片白坯布、人台的后中线和领口线。

步骤2
对齐肩胛骨辅助线和人台的肩胛骨水平线，根据后肩的标记点，将大头针插入人台的肩端点。

步骤3
将后片放松量放在后片平衡辅助线和后中线之间，使用大头针交替方向插入人台。

步骤4
从腰围标记带的下侧至肩胛骨水平线，沿着后中线插入大头针。

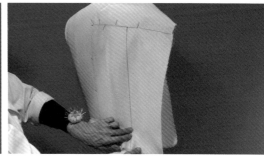

步骤5A
调整后片平衡辅助线，使其垂直于肩胛骨水平线。

步骤5B
在辅助线的腰部，使用大头针来别合一部分多余量。

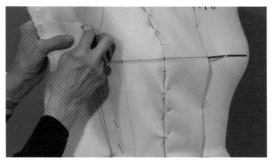

步骤6A
接下来，移走固定前片侧缝的大头针。为了对合侧缝，将前片和后片侧缝在袖窿处对齐。使用大头针别合紧身线，先从上端的腋下点开始，将前片和后片别合在一起。

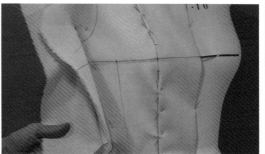

步骤6B
接下来，在腰围线处对齐侧缝。

步骤7
如上图所示，前、后片的侧缝长短不一，未完全匹配。示例中，后侧缝在腋下位置比前片宽6mm。请注意，无论两片衣片的侧缝差异有多大，都需要重新调整腰围线处的侧缝，从而确保侧缝的上、下端差异相同。

62

步骤8

为了调整侧缝面料的平衡，先移走后片腰围辅助线上的大头针，然后调整腰围线处的侧缝使其保持平衡，最后重新插入大头针。也就是说，无论侧缝在腋下点处的差异是多少，其都应该在腰围线处保持一致——在这个案例中，侧缝在腋下点相差6mm。

步骤9

当侧缝保持平衡之后，沿着后片辅助线，将大头针插入人台中。

步骤10

剪开后片辅助线至腰围标记带的下侧，来释放腹部的白坯布。

步骤11

在公主线处创建腰省，或者在距离人台（美码为6，英码为10）后中线6.3cm处，创建腰省。

步骤12A

别合省道，用大头针将其固定在腰围标记带的下侧。

步骤12B

使用手指向上捏出省道。

步骤13

在腰围线上再插入一枚大头针，大头针位于腰省和后中线之间的腰围标记带下侧。

步骤14

用指甲按压后领口弧线，形成一个折痕。

步骤15

用剪刀剪开白坯布至折痕，释放颈部周围的白坯布。

步骤16

修剪掉多余的白坯布，防止卷边。

步骤17

在肩缝、领口线的交点处，插入一枚大头针。后片肩部包含两个捏起的放松量和一个小省道。

步骤18

在肩缝、领口线的交点与前片肩省之间，直接在后片肩缝上捏出一个放松量。

步骤19

创建一个6mm的省道，与前片肩省对齐。

步骤20

在省道和肩缝、袖窿的交点之间，捏出另一个放松量。

步骤21

轻轻拉扯一下后片白坯布，使用大头针把它固定住。

步骤22

然后，在肩缝和袖窿的交点处插入一枚大头针。

64

步骤1

先标记领口线，在领口线的后中位置画一条短横线，并沿着领口线向右画圆点记号。

步骤2

在肩缝、领口线的交点处画一个十字记号，然后沿着肩缝继续标记圆点。

步骤3

标记出肩省的两边，并继续沿着肩缝标记圆点，直至肩缝、袖窿弧线的交点，在交点处标记一个十字记号。

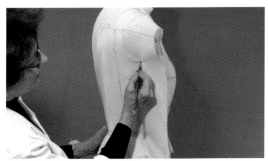

步骤4

在袖窿金属片的腋下，使用十字记号标记出紧身线。

步骤5

在腰围标记带的下侧，使用十字记号标记出腰围线。

步骤6

沿着腰围线，继续标记圆点。

步骤7

在省道别合的两侧，分别标记一个十字记号。

步骤8

沿着腰围线继续标记圆点，并在后中线、腰围线的交点处标记一个短横线。

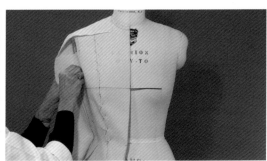

步骤9

将白坯布样衣从人台上取下来之前，检查样衣确保已经标记出所有的记号。使用大头针别合侧缝和省道，准备修正样衣。

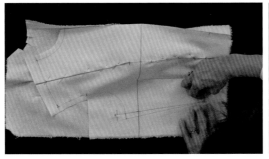

步骤1

将前片白坯布朝上，使用大头针小心地重新定位腋下点和腰围线，使其垂直于紧身线。将大头针的针尖插入白坯布中，固定住线条的位置。

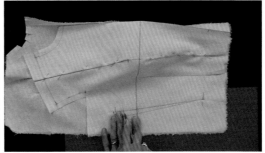

步骤2

将描图纸正面朝上放在侧缝下面，使用尖滚轮描摹腰围线，标记出紧身线，以及缩短或者延长的侧缝线，并沿着袖窿弧线标记1.3cm。

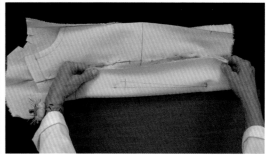

步骤3

翻转白坯布，检查标记。

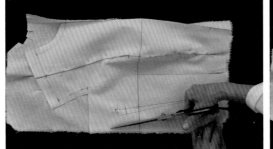

步骤4

使用透明塑料尺，先沿着缩短或者延长的侧缝添加2.5cm的缝份，然后修剪掉多余的白坯布。

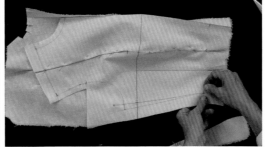

步骤5

移走侧缝处的大头针，并分离前、后片白坯布。

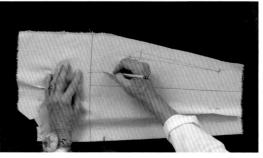

步骤6

在后片白坯布上，从袖窿弧线与肩胛骨水平线的交点处向下画一条辅助线，线长大约2.5cm。

步骤7A

使用法式曲线尺，修正上段袖窿弧线。

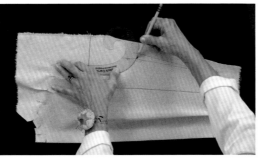

步骤7B

翻转曲线尺，修正下段袖窿弧线，确保曲线尺与新的辅助线相切，并经过下落或者上升的腋下点。

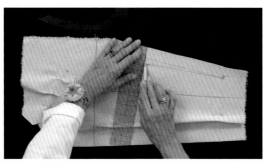

步骤8

使用直尺延长腋下缝至缝份。

小技巧：

掌握手指按压技巧有助于创建省道中心，并可以代替熨斗来折叠多余的前片、后片白坯布。

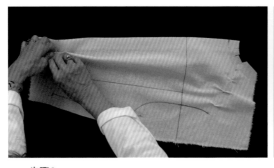

步骤9

使用手指按压住腰省中心，并移走大头针。

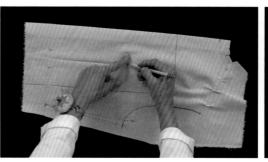

步骤10

先沿着省道中心向下至下落的袖窿水平位置，画一条辅助线，然后在线末画一条短横线来表示腰省的省尖点。

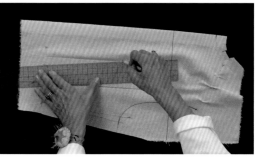

步骤11

标记出省道的中心线，并连接腰省的标记点和省尖点。

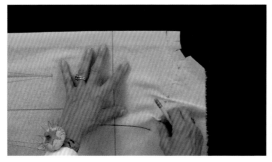

步骤12

接下来，移走后片肩省上的大头针，并松动后片的大头针。

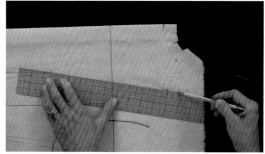

步骤13

将直尺放在靠近后中线的肩省标记点上，连接该点与腰省省尖点，画一条直线。

步骤14

沿着这条直线，从肩缝向下测量8.3cm，画出标记点。

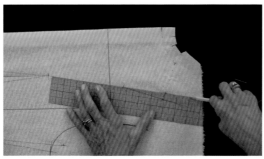

步骤15

接下来，连接该点和靠近袖窿弧线的肩省标记点，形成后片的肩省。

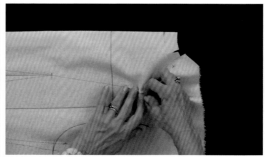

步骤16

使用手指按压住后片肩省，并使用大头针别合肩省，肩省指向后中线方向。

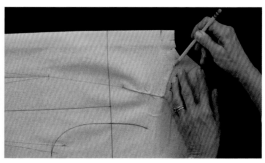

步骤17A

分两步来修正后片肩缝。首先，使用法式曲线尺，从领口处连接肩缝至省道。

小技巧：

使用直尺来修正前片肩缝，使用造型曲线尺来修正后片肩缝，这是因为后肩具有一定的弧度。

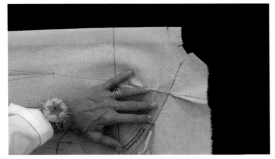

步骤17B

然后，翻转曲线尺，从省道至袖窿弧线，修正肩缝。

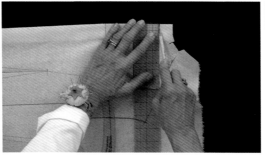

步骤18A

在后领口线的位置，垂直于后中线，画一条长6mm的直线。

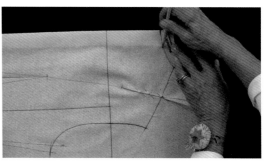

步骤18B

使用法式曲线尺，修正后领口线。

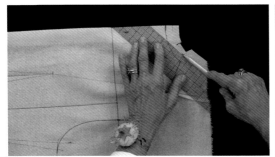

步骤19

沿着领口线，增加1.3cm的缝份。

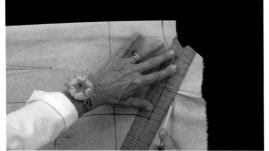

步骤20A

沿着肩缝，增加2.5cm的缝份。

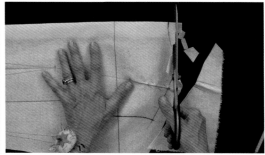

步骤20B

沿着裁剪线，修剪肩缝和领口线。

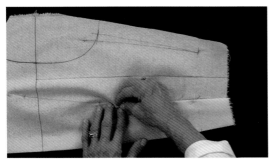

步骤21

使用手指按压住后片腰省，将省量指向后中线方向，使用大头针别合省道。

步骤22

沿着缩短或者延长的侧缝净线，将后片侧缝放在前片侧缝上，使用大头针别合两条侧缝。

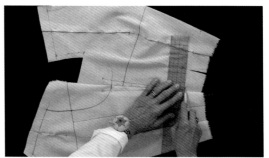

步骤23A

如果上衣带有袖子，则需要先将侧缝降低6mm，然后使用臀部曲线尺来修正腰围线。

步骤23B

翻转臀部曲线尺，找到一个最佳位置，连接腰围线上的标记点，确保腰围线在前中和后中处，与前中线和后中线形成直角。

步骤24

沿着腰围线增加2.5cm的缝份，并修剪掉多余的白坯布。

步骤25

沿着前、后袖窿弧线增加1.3cm的缝份，并修剪掉多余的白坯布。

小技巧：

后片肩缝需要比前片肩缝长大约6mm，这是为了适应后背的弧度，后片肩缝可以缩缝到前片肩缝中。

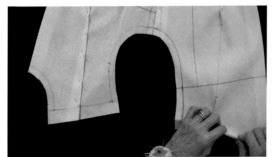

步骤26A

使用手指按压住后片肩缝的缝份。

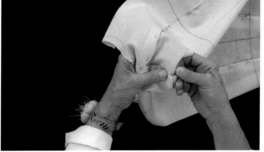

步骤26B

使用大头针将后片肩缝固定在前片肩缝上，同时使用大头针间隔缩缝掉后片肩缝的余量。

步骤27A

根据立裁过程中衣片的位置，将上衣放回人台上，检查其合体性。

步骤27B

目前为止，已经立裁完成上衣原型。

自我检查

☐ 是否精确地测量出人台尺寸？

☐ 是否校正好白坯布纱向？

☐ 是否靠近白坯布的折边将大头针插入人台？

☐ 侧缝是否平衡？

☐ 是否修正侧缝、袖窿，腰围线、前中线，腰围线、后中线的交点，使其呈90°的直角？

☐ 是否沿着正确的方向别合省道量？

上衣身侧胸省褶裥短连衣裙，搭配装饰性腰带，迈克·柯尔，2015春季

侧胸省和后肩省的衣身

学习目标

☐ 确定尺寸，准备白坯布把面料披挂在人台上；

☐ 理解怎么添加，在哪里添加腰省、侧胸省和后肩省；

☐ 根据白坯布的纱向平衡侧缝，并修正纸样，加上缝边。

布料：

• 中厚度白坯布，长1m。

面料		单位	厘米
前片的宽度=前胸围尺寸+10cm			
前片的长度=前胸围中长+10cm			
后片的宽度=后胸围尺寸+10cm			
后片的长度=后胸围中长+10cm			
人体尺寸			
后背宽的位置 后领点到腰线间四分之一的位置			
前中长=从前领点到腰线底部			
胸围大=从侧缝到前中，跨越身体最高点的水平一周			
后中长=从后领点到腰线底部			
后胸围=背部的中间到侧缝			
领尖=时衬领前面的顶点			
胸高点到前中=从右侧胸高点到前中			
前中到胸高点加上0.3cm			
后领点到后背=沿着背中测量			
肩背宽沿着前肩脖背所在的水平线，从后中到后袖窿加上0.6cm			

步骤1

与提及到的胸衣中的测量方式相反，现在首先应该记录身体测量的数据，然后准备相应尺寸的面料。

步骤2

用标记带水平标记从胸高点到另一个胸高点（以下记作BP点）再到右边的侧缝。

步骤3A

接下来，使用尺子垂直测量从后颈点到腰部的距离，其中的上¼为背宽的位置。

面料		单位	厘米
前片的宽度=前胸围尺寸+10cm			
前片的长度=前胸围中长+10cm			
后片的宽度=后胸围尺寸+10cm			
后片的长度=后胸围中长+10cm			
人体尺寸			
后背宽的位置 后领点到腰线间四分之一的位置			
前中长=从前领点到腰线底部			
胸围大=从侧缝到前中，跨越身体最高点的水平一周			
后中长=从后领点到腰线底部			
后胸围=背部的中间到侧缝			
领尖=时衬领前面的顶点			
胸高点到前中=从右侧胸高点到前中			
前中到胸高点加上0.3cm			
后领点到后背=沿着背中测量			
肩背宽沿着前肩脖背所在的水平线，从后中到后袖窿加上0.6cm			

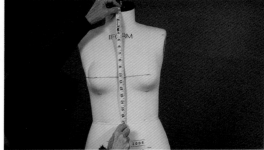

步骤3B

在侧胸省尺寸表中，背宽一栏中写上测量的数据。

步骤3C

用标记带水平贴在从后中到袖窿处，这是肩背宽所在的水平线。

步骤4

接下来，沿着前中线，量取从前颈点到腰线的距离，在表格上前中长一栏写上测量结果。

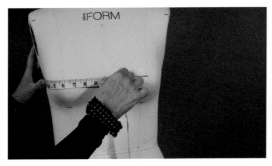

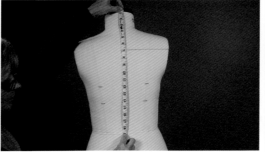

步骤5

沿着胸围线，测量从侧缝到前中的距离，然后记录在表格上（第71页，下同）。

步骤6

沿后中线测量从后颈点到腰部的长度，并记录在表格上。

步骤7

现在测量后背宽，即从后中到侧缝的水平最宽的距离，将测量结果记录在表格上。

侧胸省胸衣的尺寸表

面料	单位	cm
前片的宽度=前胸围尺寸+10cm		
前片的长度=前中长+10cm		
后片的宽度=后胸围尺寸+10cm		
后片的长度=后中长+10cm		
人体尺寸		
后背宽的位置，后颈点到腰线间四分之一的位置		
前中长=从前颈点到腰线		
胸围大=从侧缝到前中，跨越身体最高点的水平一周		
后中长=从后颈点到腰线		
后胸围=背部的中间到侧缝		
领尖=衬衫领前面的顶点		
胸高点到前中=从右侧胸高点到前中		
到胸高点加上0.3cm		
后颈点到背宽线=沿着后中测量		
侧缝肩背宽，沿着肩胛骨所在的水平线，从后中到后袖窿加上0.6cm		

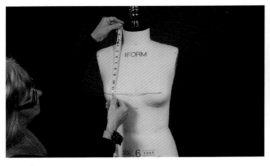

步骤8

为了标记辅助线，需要测量几个数值。首先测量从前颈点到BP点的距离，然后记录在表格上。

步骤9

水平测量从BP点到前中的距离，也记录下这个测量值。

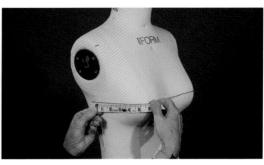

步骤10

沿胸围线测量BP点到侧缝的水平距离，并加上0.3cm，记录在表格中。

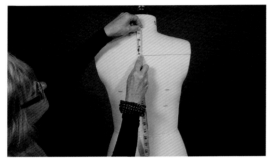

步骤11

接下来测量从后颈点到背宽线的距离，以及到后背宽的尺寸，数据记录在表格中。

步骤12

测量后背宽的宽度，即从后中到后袖窿边缘的水平距离，并加上0.6cm，记录在表格中。

模块2：
准备白坯布

面料	单位	厘米
前片的宽度=前胸围尺寸+10cm		
前片的长度=前中长+10cm		
后片的宽度=后胸围尺寸+10cm		
后片的长度=后中长+10cm		
人体尺寸		
后背宽的位置 后背点到腰线间四分之一的位置		
前中长=从前颈点到腰线底部		
胸围大=从侧缝到前中，跨越身体最高点的水平一周		
后中长=从后颈点到腰线底部		
后胸围=背部的中间到侧缝		
领尖=衬衫领前面的顶点		
胸高点到前中=从右侧胸高点到前中		
前中到胸高点加上0.3cm		
后颈点到后背宽=沿着背后测量		
肩背宽沿着肩胛骨所在的水平线，从后中到后袖窿加上0.6cm		

步骤1A

根据尺寸表决定前片和后片白坯布的长度和宽度。前片的宽度由胸围尺寸加上10cm，前片的长度由前中长加上10cm，在表格中记录数据。

面料	单位	厘米
前片的宽度=前胸围尺寸+10cm		
前片的长度=前中长+10cm		
后片的宽度=后胸围尺寸+10cm		
后片的长度=后中长+10cm		
人体尺寸		
后背宽的位置 后背点到腰线间四分之一的位置		
前中长=从前颈点到腰线底部		
胸围大=从侧缝到前中，跨越身体最高点的水平一周		
后中长=从后颈点到腰线底部		
后胸围=背部的中间到侧缝		
领尖=衬衫领前面的顶点		
胸高点到前中=从右侧胸高点到前中		
前中到胸高点加上0.3cm		
后颈点到后背宽=沿着背后测量		
肩背宽沿着肩胛骨所在的水平线，从后中到后袖窿加上0.6cm		

步骤1B

对于后片的白坯布，宽度由后胸围加上10cm，长度由后中长加上10cm，同样在表格中记录数据。

步骤2A

在准备白坯布的时候，应先将布边裁掉，不使用布边。然后用剪刀在边缘剪个刀口，用手沿纱线方向撕开。

步骤2B

在白坯布的经向上量取前中长加上10cm的尺寸，剪个刀口，然后撕开。

步骤2C

在白坯布的纬向上量取胸围尺寸加10cm，剪个刀口，然后撕开，用同样的方法准备后片的面料。

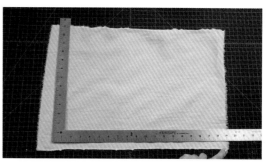

步骤3A

把前片白坯布平铺在桌子上，用L形角尺检查长宽两边彼此成直角。

步骤3B

当尺子的长度方向与白坯布的长度边缘对齐时，白坯布的宽度边缘与尺子的边缘不一致，则需要调整。

步骤3C

取下L形角尺，轻轻拉一下需要调整的对角线。

步骤3D

调整之后，利用 L形角尺重新检查边线是否是对齐的。

步骤3E

如果边缘仍然没有对齐，重复这个过程。

步骤3F

再次检查布料边是否垂直。

步骤3G

另一种检查边角是否对齐的方法是将白坯布对折，纵向和横向分别对折，看边角是否对齐。如果白坯布的边角对齐了，就准备做下一步。

小技巧：

千万不要斜向熨烫，因为这样会使面料拉长。

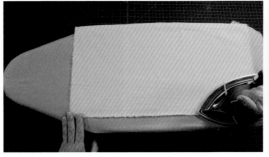

步骤4A

接下来需要把白坯布熨烫平整。用干热的熨斗按织物纱线方向熨烫，要避免拉伸白坯布。

步骤4B

再次使用L形角尺，测试白坯布在熨烫过程中有没有被拉伸。如果白坯布被拉伸了，需要重复上述调整过程。

步骤4C

当前片和后片布边都检查垂直后，然后可以加蒸汽熨烫，这有助于白坯布的预缩。

步骤4D

完成了之后，准备添加辅助线。

模块3：

画辅助线

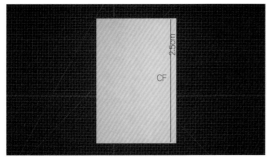

步骤1A

在前片，距布边2.5cm，平行于经向画一条直线，表示前中线（CF）。

步骤1B

根据尺寸表，沿前中线向下量取侧颈点到BP点的尺寸，平行纬向画一条直线，表示胸围线。

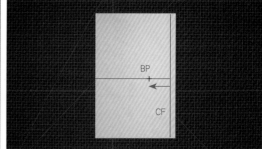

步骤1C

从前中为起点，沿着胸围线量取BP点到前中的尺寸，做一个标记来表示BP点的位置。

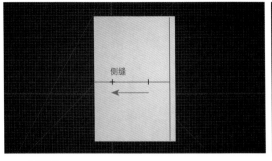

步骤1D

沿着胸围线继续测量，根据尺寸表量取BP点到侧缝的距离，在该位置做上标记。

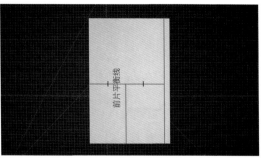

步骤1E

找到BP点和侧缝标记之间的中点，从胸围线开始垂直向下画一条辅助线，这将是前片整体的平衡线。

步骤2A

现在添加后片上的辅助线。从左侧布边开始，量2.5cm，然后平行经向画一条直线，表示后中线（CB）。

步骤2B

沿后中从布边向下量7.5cm，并做一个标记，这是后领口的位置。

步骤2C

继续沿着后中线，从后颈点开始测量，截取表格中记录的后颈点到后背宽水平位置的尺寸，并做标记，水平画一条直线，这代表后背宽线。

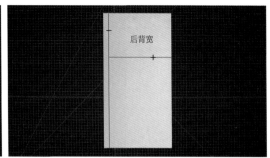

步骤2D

从后中开始，沿后背宽线测量并截取后中到袖窿的水平尺寸，包括0.6cm的放松量，做标记表示后背宽。

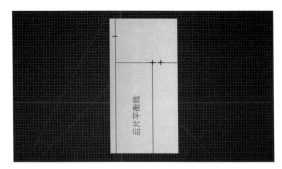

步骤2E

从袖窿处标记开始，向后中方向测量3.2cm，并在后背宽线上做标记。然后从这个标记向下画一条直线，这将是后片整体的平衡线。

步骤1A

沿前中线把2.5cm宽的白坯布折叠起来，用指甲按住折痕。不要用熨斗熨烫，否则会让白坯布拉长。

步骤1B

在后片上重复这些步骤，沿着后中线把其余的白坯布折叠，用指甲按住折痕。

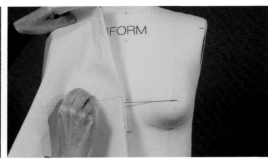

步骤2A

现在将开始把白坯布披挂在人台上，首先把白坯布的BP点与人台上的胸凸点对应并用大头针固定。

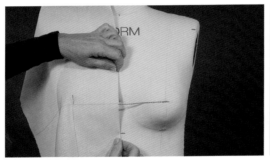

步骤2B

然后把白坯布的前中线与人台上的前中线对齐。

步骤2C

像图中那样，在胸部区域留下一些松量，不要把白坯布固定在两BP点之间。

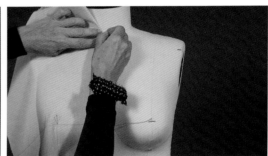

步骤3A

在前颈点位置上固定一个大头针，保证白坯布的稳定。

小技巧：

胸围线必须与地面平行，以使紧身胸衣整体协调，并能在侧缝处对接格子或水平条纹织物。

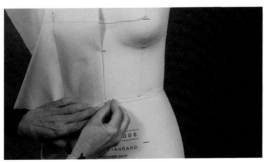

步骤3B

再在腰围线和前中交点固定大头针。

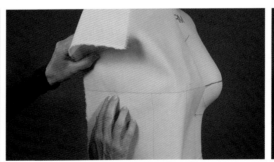

步骤4A

确保胸围线与地面是水平的。

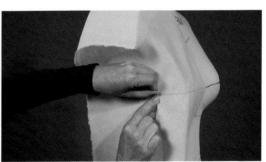

步骤4B

在前片的平衡线与胸围的交点处，捏起0.3cm的松量，用大头针固定。

76

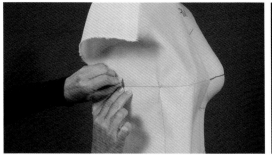

步骤4C

接下来固定侧缝与胸围线的交点。仔细检查白坯布，确保布料的胸围线与人台上的胸围线对齐。

步骤5A

将前片上的平衡线垂直定位在腰部，同样捏起0.3cm的量，用大头针固定。确保平衡线与胸围线之间的夹角为90°。

步骤5B

在腰线以下，沿着平衡线的方向，用剪刀剪开0.3cm的剪口，这样腰线以下的布料不紧绷，以便于在腰围线上的固定。

小技巧:

省量的大小取决于人台的尺寸和胸围与腰围的比例。例如，较小的腰围将有较大的省量。

步骤5C

在腰部抚平白坯布，并在腰线与侧缝交点处固定一个大头针。

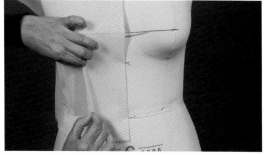

步骤6A

为了形成腰省，用手指使在平衡线两侧多余的布料均等，形成省道，轻轻地把布料折起来。

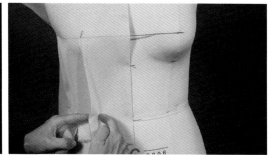

步骤6B

用两个手指抚平腰部的白坯布，捏住省道。

步骤6C

用大头针在腰部固定省道。

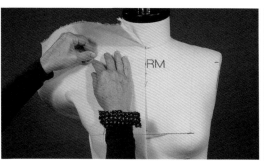

步骤7A

抚平从胸部到肩部的布料，推到人台的上部。在肩线下面临时固定一个大头针，接下来开始领口处的工作。

步骤7B

用剪刀把领口多余的面料剪下，剪成一块块正方形，2.5cm高，2.5cm宽。

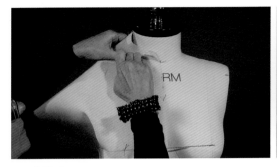

步骤7C

把肩部抚平，用手指顺着领口的形状，按出领口弧线。

步骤7D

用剪刀剪下领口处多余的布料，但是要小心不要剪到领口。

步骤7E

剪口接近领口弧线，以保证领口布料不紧绷。

步骤7F

抚平从胸部到肩部的布料，然后用大头针在侧颈点固定。

步骤8A

肩点也需要用大头针固定。

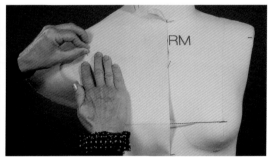

步骤8B

抚平胸前的布料，靠近袖窿弧线处临时用大头针固定。

步骤9A

现在，取下胸围线上的大头针，准备处理侧胸省。

步骤9B

沿着胸部和袖窿区域，将布料向下抚平。

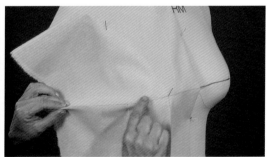

步骤9C

胸围线将是侧胸省道的省中线。

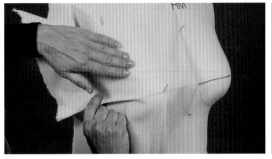

步骤9D

通过抚平胸围线上方和下方的布料，多余的面料形成省，并用手指捏住。确保省周围面料的平服，没有气泡的出现。

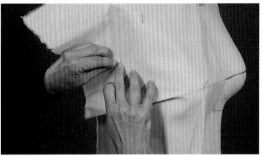

步骤9E

抚平布料后，在袖窿底点固定大头针。

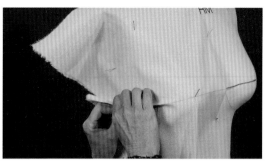

步骤9F

在BP点和侧缝的中间，省道上固定大头针。

步骤9G

省尖点的位置同样需要固定。

模块5：
标记前片轮廓线

步骤1

先用手指顺着人台的领口弧线凹进去，然后在前颈点处做短横线的标记。

步骤2

用笔沿领口弧线上画连续的点，到侧颈点处停止。

步骤3

在侧颈点上做十字标记。

步骤4

在肩线上画连续的点(见步骤6)。可能需要将肩膀处的布料翻回去，以检查标记是否在肩线上。

步骤5

在肩点的位置做十字标记。

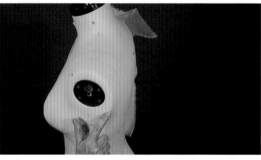

步骤6A

袖窿弧线是将身体与袖子分开的一条分界线。

步骤6B

看一下整体的外观，从肩点开始到袖窿底点处，用连续的点做标记。

步骤7A

在袖窿底点上做十字标记。

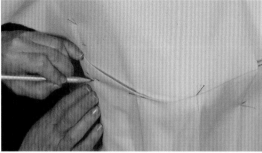

步骤7B

在胸省开口的两边分别做十字标记。

步骤7C

在侧缝和腰线的交点上做十字标记。

步骤8A

沿着腰线，从侧缝到腰省中间用连续的点做标记。

步骤8B

在腰省道两边的开口，腰围线上做十字标记。

步骤8C

继续从腰省点到前中，在前中与腰线交点上做十字标记。

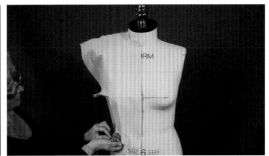

步骤9

确保所有的点已经被标记。现在从人台上取下白坯布，但是省道的固定针不要取下。

模块6：

修正前片样板

小技巧：

在对曲线进行修正时，如果没有命中到所有的标记点，也不要担心。只要能画出一条平滑、连续、弯曲的线就可以。移动曲线工具的位置，以画出最佳的线条。

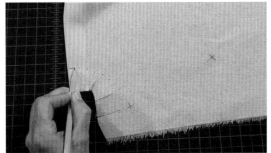

步骤1A

将前片放在裁衣垫上，从领口开始修改，要保证前中的领口处为直角。

步骤1B

用曲线尺画出领口弧线，使领口曲线圆顺。

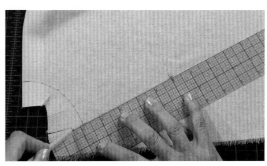

步骤2

来修正肩线。不要担心没有完全按照标记的点连接肩线。

步骤3

用曲线尺连接肩点和袖窿底点之间的曲线，并确保修正后的曲线没有超出袖窿上点的标记。

步骤4

取下腰省上的大头针，并重新把布料平铺在垫子上。

步骤5

然后释放侧缝省道，将布料平放在垫子上。

82

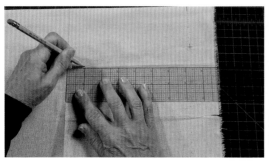

步骤6A

从BP点垂直向下量取2.5cm，这是前腰省省尖点的位置。

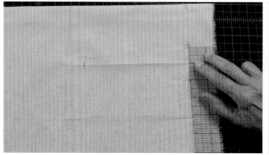

步骤6B

接下来对腰省进行修正，首先测量省中线两侧的水平宽度，确保两边省量是相等的。

步骤6C

在腰围线上，从省道的中心线测量到省边线的水平距离。

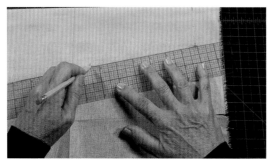

步骤6D

把省边线上的十字标记分别与省尖点连接。

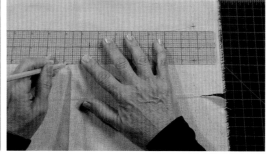

步骤7A

然后标出侧省道的省尖点，从BP点向侧缝方向量2.5cm，做上标记。

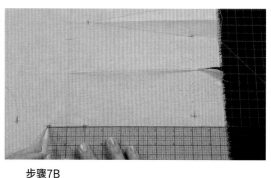

步骤7B

从省道的中心线开始测量，检查侧省道的两边省量是否相等。

步骤7C

把省道两边的十字标记与省尖点连接。

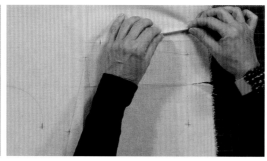

步骤8A

再用大头针固定腰省，省中线朝向侧缝。

步骤8B

用大头针把省道固定，省道朝向前中方向。

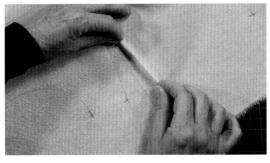

步骤9A

接下来，要将侧胸省道固定住，首先用手指将两省边线对齐，省道朝向前中。

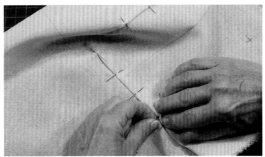

步骤9B

用大头针把省道固定住，多余的布料推向腰部。

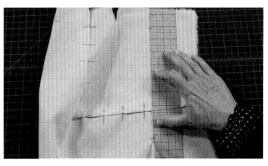

步骤10

使用透明打版尺修正侧缝。连接袖窿底点和侧缝与腰线交点处的十字标记。

步骤11A

使用红色铅笔和尺子，袖窿底点向下移动2.5cm，并做标记，这表示在设计袖子时要用到的穿着松量。

步骤11B

现在使用曲线尺和铅笔，经过新的袖窿底点，重新圆顺袖窿弧线。

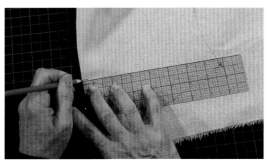

步骤12A

同样的，前颈点需要向下降低0.6cm。

步骤12B

然后用曲线尺和红色铅笔圆顺新的领口，这也是为了穿着舒适性的考虑。

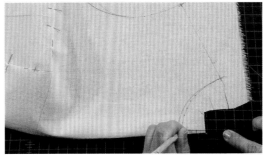

步骤13

从领口开始增加缝份，在新的前颈点形成的领口弧线上加上1.3cm的缝边。

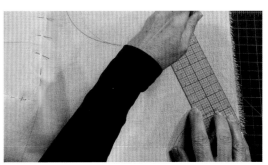

步骤14

接下来，在肩线处增加2.5cm的缝份。

小技巧:

在进行立体裁剪时，主要使用1.2cm和2.5cm的缝边。在时装行业，缝边宽度根据公司和缝型而不同。

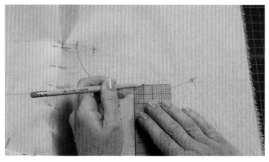

步骤15

在袖窿处增加1.2cm的缝边，当到袖窿中间时停止标记，缝边仅供立裁时才有用。

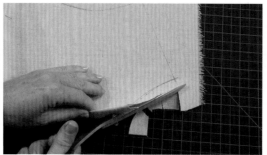

步骤16A

最后一步是剪掉领口和肩膀处多余的布料。

步骤16B

修剪袖窿处多余的布料，剪到中间标记处停止，然后沿着平行纬纱的方向继续剪掉多余的布料。

步骤17A

像立裁时一样，把布料固定回人台上。在前颈点、BP点、前中线与腰线的交点等外轮廓上的固定点上，用大头针固定。

步骤17B

准备后片的立裁时，先把前片肩缝的缝边用手抚平，使其贴合在人台上，不影响后片的立裁。

步骤18

同时还要把侧缝上的大头针向前移动5cm，这样就可以把侧缝折回去，然后固定折边以露出侧缝。

模块7:

立裁后片

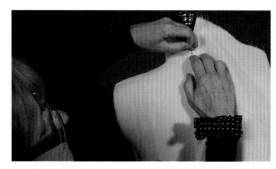

步骤1A

首先在后颈点固定布料。

步骤1B

然后从后颈点开始，沿后中固定到腰线的一段。

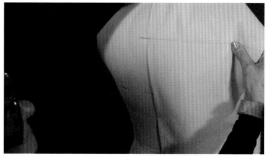

步骤2A

面料上后背宽线要与人台上的标记线对齐。

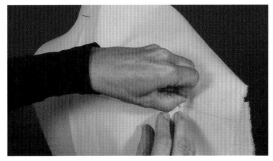

步骤2B

在后背宽线与袖窿交点处，用大头针固定在人台的边缘。

步骤2C

沿着后背宽线水平方向抚平白坯布，并在平衡线与其交点上固定大头针。

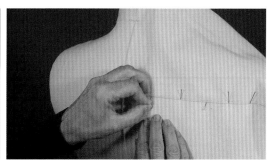

步骤2D

继续沿后背宽线，向后中方向固定，但要保证与人台上的标记带重合。

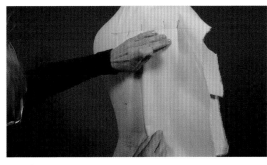

步骤3A

接下来固定平衡线。用手抚平表面的布料，且使平衡线与后背宽线成直角。

步骤3B

确定了平衡线的位置后，用手捏起一点松量，固定在平衡线内。

步骤4A

现在处理后片上的省道。图中所示的省中线位置与人台上公主线所在的位置基本吻合。

步骤4B

把腰部的白坯布整理平整，多余的部分用手捏起来形成省道，然后将双层布料在腰线上固定。

步骤4C

用手指捏住省中线。

步骤5

为了让布料在臀部不紧绷，保证整体平整的状态，用剪刀沿着平衡线剪切口，但不要越过腰线。

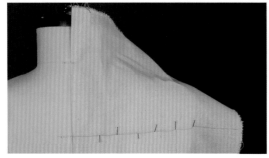

步骤6A

现在处理后领省，后背宽线上，距离后中3cm的位置为省尖点。

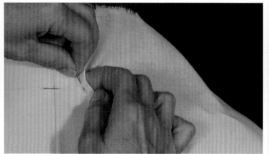

步骤6B

用手指捏起大约0.6cm的省量，形成省道，然后轻轻地将省道折叠，用大头针固定省道开口。

步骤7A

然后需要在领口处打上像前片一样的剪口，释放布料。不过要小心，不要超过领口弧线的位置。

86

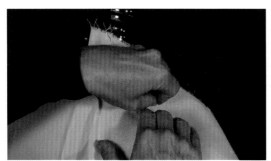

步骤7B

抚平肩膀处的布料，然后在侧颈点固定大头针。

步骤8A

在后片的肩线上，需要两个松量来塑造造型，第一个松量的位置是在侧颈点与人台上的公主缝之间，用大头针固定。

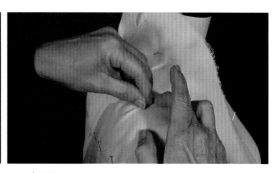

步骤8B

第二个松量在公主缝与肩点之间，同样用大头针固定。

小技巧：

沿着后片上的平衡线形成一个四四方方的形状，将有助于连接前片和后片的接缝。

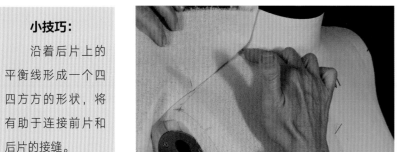

步骤8C

最后，确保大头针的肩线能够与人台上的肩线对齐。

步骤9

接下来处理前片与后片的接缝。首先朝着侧缝的方向，轻轻的把袖窿处面料抚平，同时保证背部平衡线垂直，让人有种背部方方的感觉。然后在平衡线右侧固定一个大头针，保证该区域面料的稳定。

步骤10A

松开前片侧缝上的大头针，这样就可以将前后两边的侧缝处布料垂下来。将两片布料捏在一起，在袖窿底点将其固定在一起。

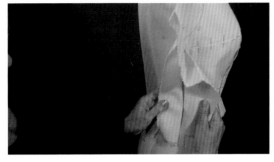

步骤10B

把前后的侧缝连接在一起，确保拼合后，布料上的侧缝与人台上的侧缝在一条线上。

步骤10C

在腰围线与侧缝的交点处，把两层布料固定。

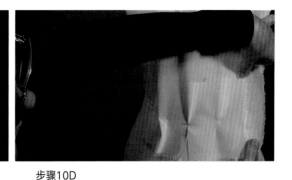

步骤10D

转到后面，检查从侧胸省到腰线之间、前片和后片之间的纱线丝缕是否对齐。从上到下白坯布的纱线丝缕应该在一个水平线上，布料是条纹或者格子时，在侧缝线上，条格才会匹配。如果需要调整，就调整后片。

步骤10E

检查纱线方向对齐后，在胸省下方把两片布料固定。

模块8：
标记后片轮廓线

步骤1A

从领口弧线开始标记后片，用铅笔画出连续的点，在后领省边线的两侧做十字标记。

步骤1B

继续标记后领弧线，到达侧颈点结束。

步骤1C

把肩线以上的面料折起，确保后片上标记的肩点位置与前片一致。

步骤2A

用连续的圆点标记后肩线，一面标记一面观察衣片，确保前肩线和后肩线能够拼合。

步骤2B

在肩点的位置做十字标记。

步骤2C

以后背宽线为分界线，把袖窿的上半圈用连续的圆点标记。

步骤2D

接下来，可以继续将袖窿完整标记，或者当把后片平铺在桌子上时，再来完成这项工作。

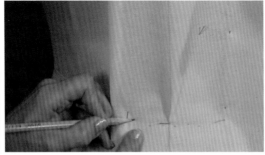

步骤3A

侧缝与腰线的交点做十字标记。沿着腰线方向，并用连续的圆点标记到省道处。

步骤3B

在腰线上，腰省的两条省边线分别做十字标记。

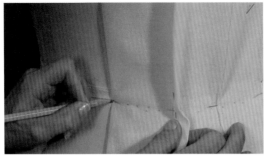

步骤3C

继续沿腰围线标记，最后在后中画一短横线用以标记后中的位置。

步骤4

检查所有的标记已经完成后，把衣片从人台上取下来。把后片省道和侧缝上的大头针保留着，不要取下来，以前片和后片连在一起的形态取下，为修正做准备。

模块9：
修正后片样板

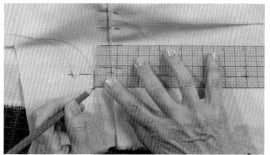

步骤1A

把前片正面向上平放在桌子上。为了穿着时的舒适，用尺子测量把袖窿底点向下降低1.3cm。

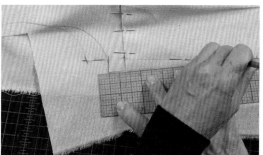

步骤1B

然后下降后的袖窿底点再向外加宽1.3cm，用红色铅笔把此点与腰围和侧缝的交点连接。

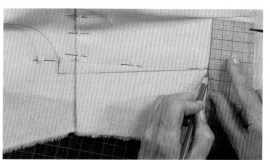

步骤1C

接下来，在侧缝与腰线的交点修0.6cm长的直角。

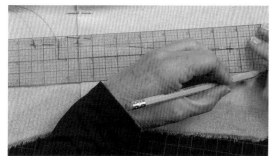

步骤1D

用红色铅笔和尺子在新画好的侧缝上增加2.5cm的缝边量。

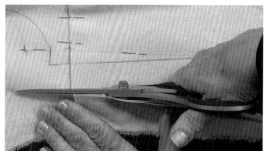

步骤1E

修剪掉侧缝处多余的布料。

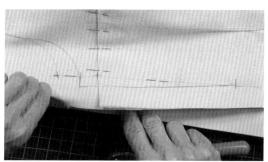

步骤2A

把黄色描图纸正面向上，放在前后片侧缝连接的下方，用来拓版。

小技巧：

用黄色的描图纸代替红色，这样就不会把红色线条和描好的线条混淆。

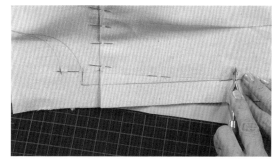

步骤2B

用滚轮工具标记侧缝和腰线的交点。

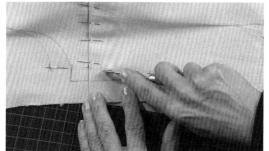

步骤2C

然后用滚轮描出最开始的侧缝线，又叫做"紧身轮廓线"。

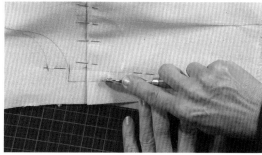

步骤2D

接着描出调整后的侧缝线。

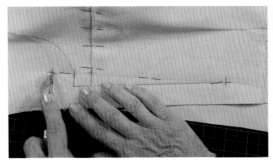

步骤2E

把调整前后的两次袖窿均用滚轮描出。

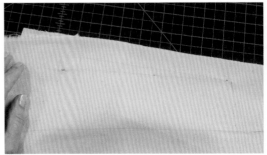

步骤2F

将侧缝处的布料稍微翻过去，检查是否在另一片上留下完整的标记。

步骤2G

取下侧缝上的大头针，将后片和前片分开。将后片正面向上放在桌子上，准备修正。

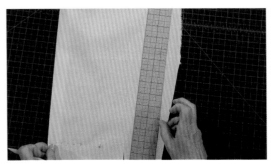

步骤3A

首先把省道两边的标记加深，然后取下省道上固定的大头针，使腰围处的面料能够平放在桌子上。

步骤3B

在腰省两边开口处做十字标记。

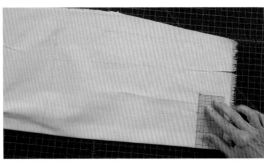

步骤3C

把后片平放在桌子上，测量一下省量的大小。

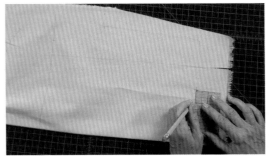

步骤3D

找到腰部省道的中点并做记号。

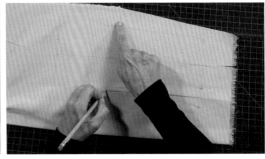

步骤3E

用削尖的铅笔尖，顺着布料的纱向，从腰部垂直往上画一条线，使这条线与下降后的袖窿底点在同一高度。

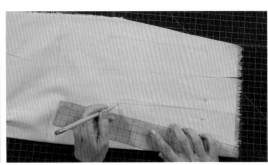

步骤3F

用尺子检查腰省的中心线是否与腰线成直角，这将是后腰省道的省尖点，标出省尖点。

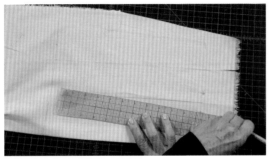

步骤3G

用尺子连接省尖点和省边线的第一个十字标记。

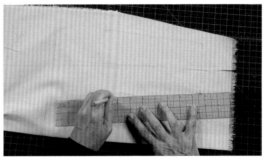

步骤3H

接着用尺子把另一个十字标记也与省尖点连接。

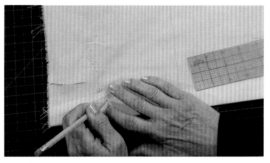

步骤4A

现在开始处理后领省。取下省道上固定的大头针，把衣片平放在桌子上，加深省道两边的十字标记。

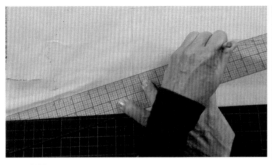

步骤4B

为找到省尖点的位置，必须先把最靠近后中的省边线上的十字标记与快要消失的点连接起来。

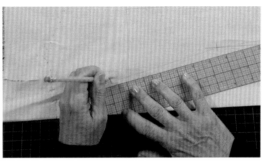

步骤4C

从领口沿省边线向下量8.3cm，并做记号，此为省尖点的位置。

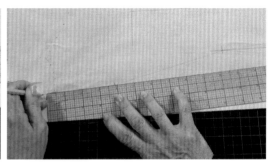

步骤4D

将省尖点与领口处的另一省边线上的十字标记连接。

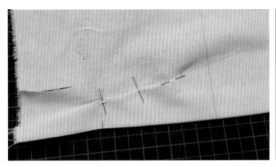

步骤5

为了调整领口弧线，必须先合并后领省。用手指捏住靠近后中的省边线，与另一省边线对齐，然后将省道用大头针固定，反面的则朝向后中。

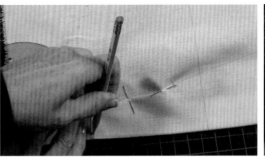

步骤6

后领省道合并后，用曲线尺圆顺后领口弧线。

步骤7A

修正肩缝分两个步骤。首先，使用曲线尺连接从领口到肩膀的中点的一段，然后翻转曲线尺连接从肩膀中点到袖窿这一段。

步骤7B

翻转曲线尺，然后调整整体肩缝的流畅，确保两段肩线的融合。

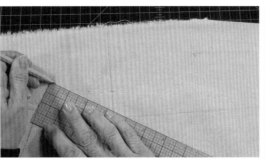

步骤8A

要注意的是，肩线和袖窿弧线相交处应该是个直角。

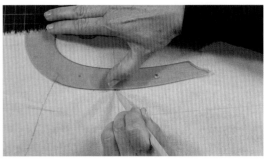

步骤8B

用曲线尺调整，后背宽线所在水平高度以上的袖窿弧线。

步骤8C

后背宽线与袖窿弧线的交点，垂直向下2.5cm的位置作为辅助点，帮助圆顺下半部分的袖窿弧线。

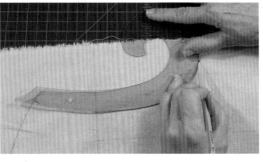

步骤8D

翻转曲线尺，连接降低后的袖窿下半部分曲线，并使其能通过2.5cm处的辅助点。

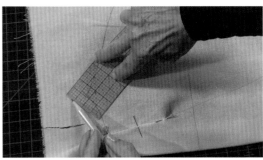

步骤9A

在后领口增加1.3cm的缝边。

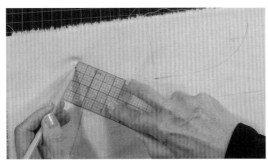

步骤9B

肩线处增加2.5cm的缝边。

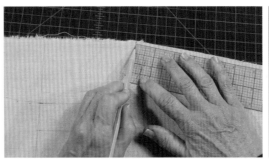

步骤9C

然后在袖窿处增加1.3cm的缝边。

步骤10

剪掉领口、袖窿和肩部多余的布料。

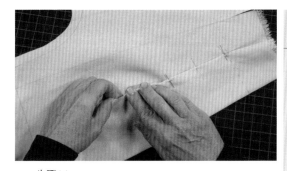

步骤11

用大头针固定腰部省道，反面省道朝向后中方向。

自我检查

☐ 侧胸省的位置是正确的；

☐ 前袖窿和后袖窿的曲线平滑、协调；

☐ 后领省角度正确，指向后腰省的省尖点；

☐ 白坯布上的标记(圆点、破折号和十字记号)区分清楚吗？

☐ 白坯布上的侧缝与人台的侧缝是否对齐？

模块10：
最后的工作

小技巧：

固定侧缝时，沿后片侧缝的净缝边折进去覆盖在前片上，给前片一个整洁的外观。

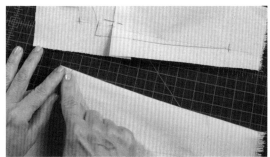

步骤1A

固定侧缝，需将后片覆盖在前片上面。

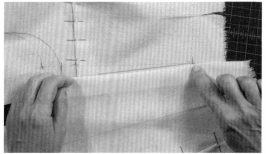

步骤1B

把前片和后片上，降低的袖窿底点和腰围线与侧缝交点对齐。

步骤1C

固定从袖窿底点到腰围线这一段。

步骤2A

下一步要修正腰线，与后中垂直距离后中线5cm为起始点。

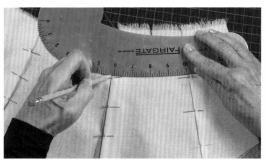

步骤2B

用大弯尺，从5cm处调整到侧缝这一段。

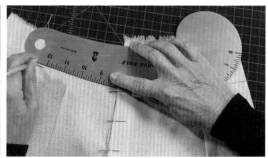

步骤2C

把大弯尺翻过来，调整从侧缝到前片的腰省这一段腰线。

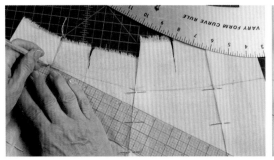

步骤2D

使用打版尺，修改腰部线条，保证前片上的省中线与腰线成直角。

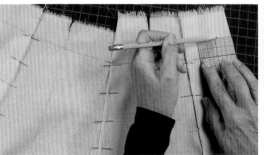

步骤2E

腰围线上增加2.5cm的缝边。

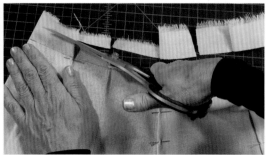

步骤2F

剪掉腰围处多余的布料。

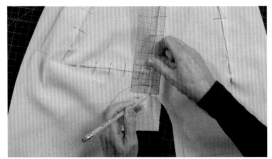

步骤3A

在前片下降的袖窿弧线处增加1.3cm的缝边。

步骤3B

剪掉袖窿处多余的布料。

步骤4

像固定侧缝时一样，用后片压住前片，只是需要把后片上的松量均匀地固定进去。

步骤5A

再把衣片固定回人台，方法和以前一样，前中线和后中线与人台上的相应标记线对齐。

步骤5B

检查侧缝，侧缝处应该有1.3cm的松量，并且与人台上的侧缝线对齐。如果有必要，可以用红色的铅笔进行修改。

步骤5C

现在就完成了上衣的立裁，包括侧胸省和后领省等的设置。

优雅的半透明抹胸婚纱裙，出自YolanCris品牌，2015巴塞罗那婚纱周

抹胸上衣

学习目标

☐ 在人台上用标记带贴出心形领口，量出尺寸，准备好白坯布；

☐ 在人台上用标记带标出公主线的位置，在每个接缝中加入松量；

☐ 正确拼接各部分:修正接缝线，在各接缝线上做好标记，修正腰线，添加缝边量。

布料:

· 白坯布，长1m。

模块1：
准备人台

步骤1

抹胸类上衣的立裁，首先应该在人台上标记好造型线和辅助线。首先，过两BP点，水平贴标记带。

步骤2

用标记带从前中开始，经过侧缝，到后中，把想要的领口形状贴出来，但是标记带过侧缝的位置不能低于原袖窿底点2.5cm。

步骤3

对于初学者来说，把步骤一中过两BP点的标记带水平延长到侧缝处，会是一个好方法，这样容易调整前侧片。

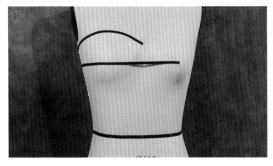

步骤4

这件胸衣的前片和后片都将使用公主线分割作为造型线。

小技巧：

胸围线必须与地面水平，这样胸衣的纱线丝缕才能正确，格子布或水平条纹织物在侧缝处才能对齐。

模块2：
测量人台尺寸

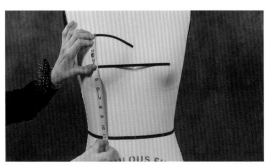

步骤1A

接下来需要记录测量的尺寸，以准备所需的白坯布。从领口与公主线的交点开始量到腰线底部，然后加7.5cm。这将是前片所需白坯布的长。

步骤1B

从BP点水平量到前中，然后加7.5cm，这是前中片的宽度。

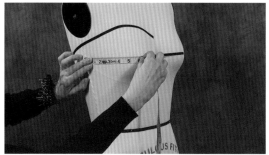

步骤1C

测量前侧片最宽处，即从侧缝到BP点的水平距离，然后增加7.5cm，这将是前侧片的宽度尺寸。

小技巧：

由于立裁和缝边的需要，在测量出来的每个部分最宽和最长的尺寸上，分别再增加7.5cm。

模块3：

准备白坯布

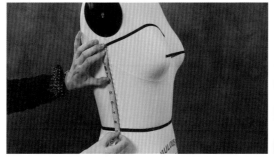

步骤2A

在侧缝处，从领口与侧缝的交点开始量到腰线底部，然后加上7.5cm。这将是后中片和后侧片的长度尺寸。

步骤2B

后测片最宽的部分，即从公主线与侧缝的交点到侧缝的水平距离，然后添加7.5cm，即是后侧片的宽度。

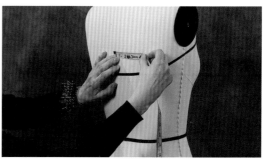

步骤2C

对于后中片的宽度，测量从后中到公主线最宽的部分，然后添加7.5cm。

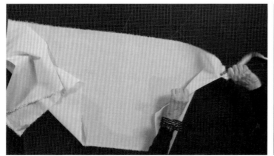

步骤1A

参考测量记录，准备各部位所需要的白坯布。根据第43页的信息，通过撕的方式，分离白坯布。

步骤1B

测量好每块布料的尺寸，用剪刀打上剪口，然后撕开。确保撕的每一块布料的纱线方向都是正确的。布料的长度测量应在布料的经纱或长度方向中，宽度测量应沿纬纱或宽度方向。

步骤2

不加蒸汽熨烫4块布料，使布边平整。要始终按纱线的方向熨烫。把布料翻过来，熨烫另一面。

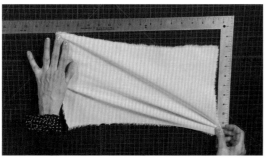

步骤3A

用L形直尺来检查4块面料的边角和纱线方向是否互相成直角。拉住布料的对角线，让布边能与尺子平齐。

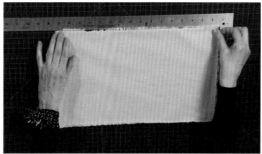

步骤3B

把布料翻转过来，检查对边是否成直角，这一点是非常重要的，因为经纬纱必须是垂直的。继续这个过程，直到所有的边都与L形直尺的直角对齐。

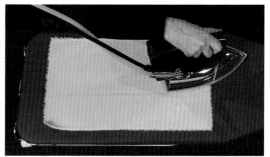

步骤4

当所有的布料已经调整过，每边都成直角，最后每块面料加上蒸汽熨烫，依旧要按纱线的方向。

模块4：

画辅助线

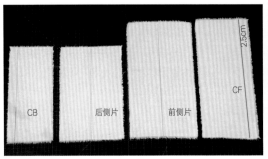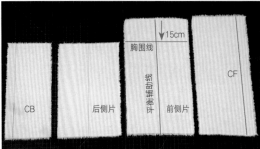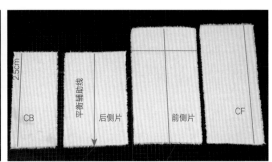

步骤1

为了立体裁剪的方便，需要在布料块上标记辅助线。从前中片开始，从右侧开始测量2.5cm，平行经向画一条直线，这表示前中线（CF）。

步骤2

找出前侧片上宽度的中点，平行经向画出一条直线，这是布料平衡的辅助线。从顶部向下大约15cm，平行纬向画一条线，这表示胸围线。

步骤3

找到后侧片上宽度的中间点，平行经向画一条辅助线。这是后侧片的平衡线。后中片从左侧测量2.5cm，平行经向画一条线，这表示后中线（CB）。

模块5：

立裁前中片并标记轮廓线

步骤1

首先沿前中线折起，然后用手指按压折痕。不要熨烫面料，否则会导致布料的拉伸。

步骤2A

将布料上的CF线与人台上的前中线对齐。领口与前中的交点上方留出5cm左右的面料，并在交点处固定大头针。

步骤2B

继续沿着前中线固定，为了保证胸围线上下两侧的松量，这段距离可以不固定。

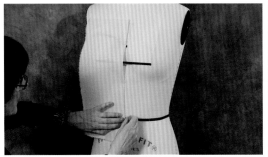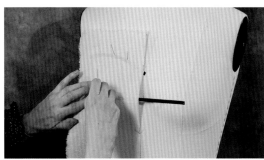

步骤2C

在前中线与腰围线的交点处，固定大头针。

步骤2D

抚平从领口到公主线的布料，在公主线上固定大头针。

步骤2E

用手指感觉布料下面人台上公主线标记带的位置，沿公主线固定。

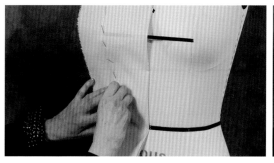

步骤2F

在沿着公主线固定时，在BP点下方，要先将从前中到公主线的布料抚平，才能继续固定。

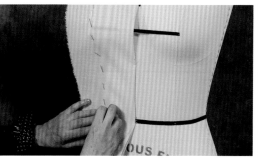

步骤2G

最后在公主线和腰围线的交点处固定大头针。

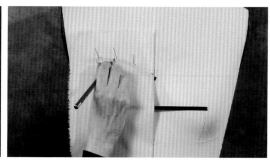

步骤3A

大致看一下外观，用铅笔开始标记。按照逆时针方向，从前中线与领口交点开始做短横线标记，然后沿着领口标记带的上边缘画连续的点，直到与公主线的交点处停止，这些点会使以后的修正工作更容易。

步骤3B

在领口和公主线的交点处做一个十字标记。

步骤3C

用连续的点沿公主线做标记，到达BP点结束，在BP点上做十字标记。然后继续沿着公主线，从BP点到腰围线的底部画点。在公主线和腰围线的交点处做十字标记。

步骤3D

沿着腰围线底部打点，到达前中线，在前中线上做短横线的标记。

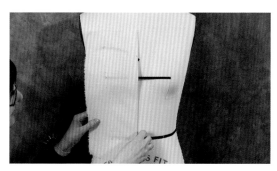

步骤3E

确保你做好所有的标记点，然后在人台上固定前中面料。

步骤1A

用卷尺水平在人台上，找到胸围线上侧缝和BP点之间的中点。

步骤1B

在人台上的这点，扎入大头针。

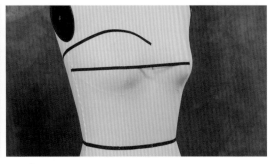

步骤1C

如果决定把胸围线上的标记带从BP点延长到侧缝，现在就要做了。

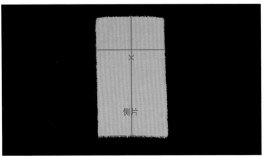

步骤1D

用大头针穿过侧片上中线与胸围线的交叉点。

步骤1E

现在把大头针对准人台上胸围线与中线的交点位置，将前侧片固定到人台上。

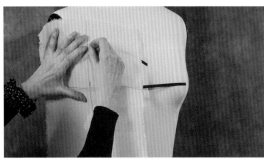

步骤2A

把布料的中线和胸围线交叉点与人台上的中点和胸围线交叉点对齐，并在领口和公主线交叉的地方固定大头针。

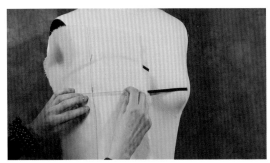

步骤2B

看布料和人台上胸围线的位置，将两者的胸围线对齐。然后在领口和公主线的交点处用大头针固定。

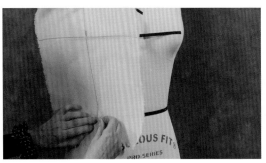

步骤2C

胸围线对齐后，就沿平衡线向下抚平到腰部。在腰围与平衡线交点处融进一点松量，并用大头针固定。对齐纱线确保纱线能在侧缝处对齐格子或横向条纹。

步骤2D

用剪刀沿着平衡线，剪开到腰线以下0.6cm处，以使臀部的布料不紧绷。

小技巧：

　　紧身胸衣应该是合身的，但是要在立裁的时候增加松量，以便于穿着的舒适和避免在缝纫和熨烫的时候尺寸的减小。

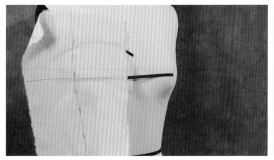

步骤2E

沿着平衡线，固定从领口到腰围的一段。

步骤2F

现在沿着公主线固定前侧片。首先把腰部的布料抚平，然后在公主线和腰部的交点处固定大头针。

步骤2G

用手指在布料上摸一下，感受人台上公主线的位置，用大头针从腰部一直固定到BP点。确保布料的胸围线与人台上的胸围线能够对齐。注意接近BP点时，如何在大头针之间融进松量。

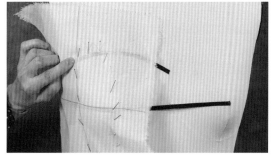

步骤2H

继续用手指感觉人台上公主线的位置，在固定时需要把表面的布料弄平。在领口和公主线的交点处固定大头针，并沿领口固定前中线到公主线一段。

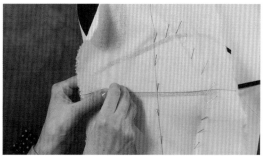

步骤2I

用大头针固定侧缝与胸围线的交点。

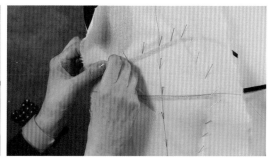

步骤2J

抚平领口处的白坯布，用大头针固定在侧缝与领口弧线的交点处。

步骤2K

把胸围线以下的布料向侧缝方向抚平，并在腰线与侧缝的交点处固定大头针。

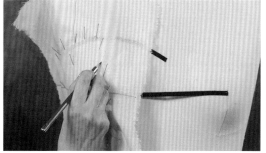

步骤3A

观察和感觉整体的造型，开始以逆时针方向标记前侧片上部。然后从公主线与领口交点处开始，沿着公主线，用铅笔标记领口到BP点之间的一段。

步骤3B

在BP点处做十字标记。

步骤3C
继续沿着公主线，标记从BP点到腰围线的一段，在公主线和腰围的交点处做十字标记。

步骤3D
沿着腰围线画点，到达与侧缝交点的位置，做十字标记。

步骤3E
在侧缝和领口的交点处做十字标记，然后沿着领口画点，画到公主线与领口的十字标记为止。

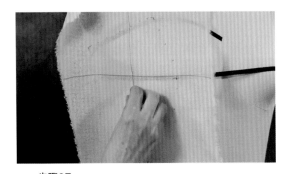

步骤3F
确保已经完成了所有的标记，然后从人台上取下布料。

模块7：
立裁后中片和标记轮廓线

步骤1
首先沿着后中线折起，然后用手指按压折痕。不要熨平这个折痕，否则会导致布料拉伸。

步骤2A
将面料上的后中线与人台上的后中线对齐。领口上方留出5cm左右的布料，并在与后中交点处固定大头针。

步骤2B
继续沿着后中线，用大头针固定从领口到腰围线的一段。

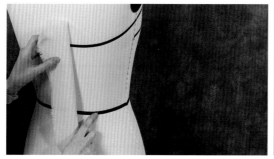

步骤2C

正如前片一样，将使用人台上的公主线作为后片上的分割线。

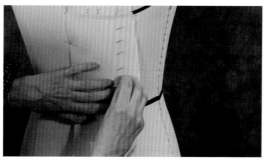

步骤2D

抚平从后中到侧缝的布料，用大头针固定从领口上到与公主线的交点这一段，用手感觉人台上公主线的位置，沿着公主线固定布料。

步骤2E

在公主线和腰围线的交点处用大头针固定，并融进一点松量。

步骤3A

以顺时针方向开始标记后中心片，在后中线与领口的交点做短横线的标记。

步骤3B

透过白坯布看下面的标记带的位置，沿领口造型线画上连续的点，到达与公主线的交点，在领口和公主线的交点做十字标记。

步骤3C

继续点公主线，用手指触摸人台上的公主线，确定位置，在公主线和腰围线的交点做十字标记。

步骤3D

沿着腰围线标记，到达后中心线，画上短横线标记。

步骤3E

确保已经做好了所有的标记，然后从人台上取下面料。

104

步骤1A

用卷尺在人台上水平测量，找到侧缝和公主线之间的中点，为标记后侧片的平衡线做准备。

步骤1B

在这一中点上，用大头针插进人台上。

步骤2A

把面料上的平衡线与中点对齐，在领口线以上保留大约3.8cm的布料，这样能够保证在侧缝与领口的交点处有足够的缝边，在平衡线与领口交点处固定大头针。

步骤2B

沿着平衡线把布料抚向腰部时，要确保这条线垂直于地面，不要前后移动，在平衡线与腰围线交点固定大头针。

步骤2C

平衡线是很重要的一条辅助线，它要与地面垂直，尤其是在使用格子或水平条纹的面料时。然后沿着平衡线，固定从腰围线到领口的一段。

步骤2D

在面料的上方固定一个大头针，方便用剪刀沿着平衡线剪到腰线以下0.6cm处，使腰部以下的布料不紧绷。

步骤2E

现在用手指触摸人台上公主线的位置，沿公主线，用大头针固定从腰部到领口段。

步骤2F

继续沿着领口的造型线，用大头针固定与侧缝的交点。

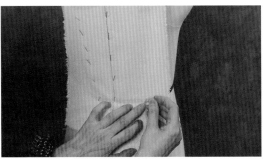

步骤2G

将布料沿侧缝方向抚平，并在侧缝与腰线交点用针固定。

步骤2H

在公主线和腰围线的交点固定大头针，在腰围线上，侧缝和平衡线之间用大头针固定。

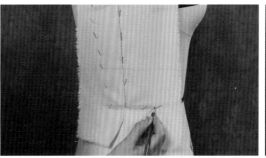

步骤3A

在后侧片的侧缝与腰线交点做十字标记。

步骤3B

继续沿着腰围线标记连续的点，到与公主缝的交点，并在交点做十字标记。

步骤3C

用手指触摸人台上公主线标记带，沿公主线标记从腰部到领口，在领口与公主线交点做十字标记。

步骤3D

沿着后领口画点，到达与侧缝的交点，在交点处做十字标记。

步骤3E

确保已经做好了所有的标记，然后从人台上取下布料。

模块9：

修正抹胸上衣的样板

小技巧：

如果没有曲线尺这种工具，根据标记的连续的点、短横线和十字标记，利用直尺的不断移动画出连续的曲线。

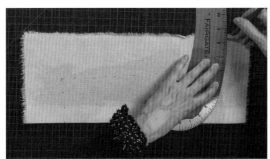

步骤1A

先把前中片面朝上放在桌子上，利用袖窿尺等工具修正领口上前中线到公主线标记这一段。

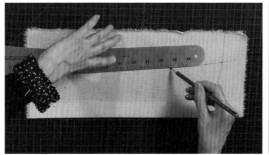

步骤1B

用大弯尺圆顺公主线。

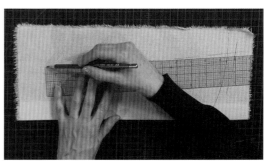

步骤1C

用透明打版尺在领口和公主线处增加1.3cm的缝边，要根据曲线的走势，转动尺子。

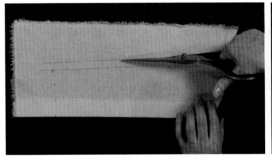

步骤1D

剪去领口和公主线周围多余的布料。

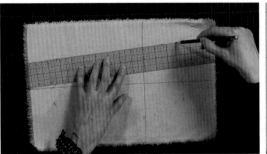

步骤2A

前侧片的修正，用打版尺将侧缝和腰围上的十字标记连接。

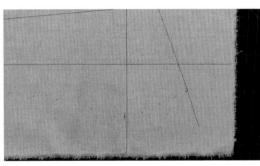

步骤2B

使用大弯尺连接从侧缝到公主线一段的领口。

步骤2C

用袖窿尺连接前侧片的公主线。为得到完美的曲线，可以将曲线尺翻转过来，以便于调整曲线。

步骤2D

用打版尺在领口处增加1.3cm的缝边。

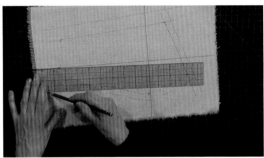

步骤2E

在侧缝添加2.5cm，公主缝添加1.3cm。

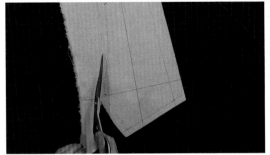

步骤2F

剪去领口、侧缝和公主缝处多余的布料。

步骤3A

后中片正面向上，用打版尺在领口和后中交点处修2.5cm长的直角。

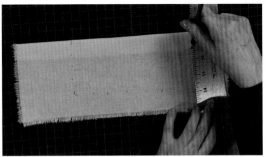

步骤3B

然后用大弯尺连接领口的点，圆顺后领口弧线。

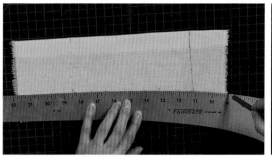

步骤3C

用大弯尺圆顺公主线的曲线。

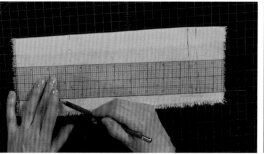

步骤3D

在领口和公主线处增加1.3cm的缝边。

步骤3E

剪掉领口和公主线处多余的布料。

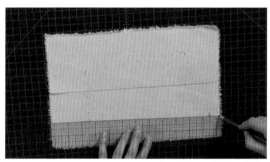

步骤4A

后侧片正面朝上，用打版尺将侧缝与腰围上的十字标记连接。

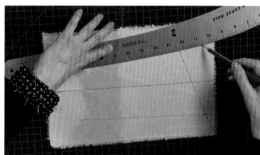

步骤4B

用大弯尺圆顺后侧片的领口线和公主线。

步骤4C

用透明打版尺在领口和公主线处增加1.3cm的缝边。

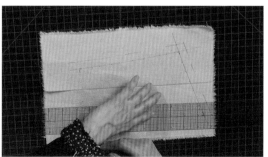

步骤4D

在侧缝处增加2.5cm的缝边。

步骤4E

剪掉领口、侧缝和公主缝处多余的布料。

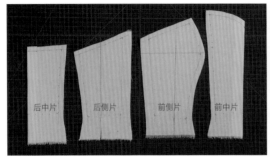

步骤1

当所有的胸衣裁片都已经修正好，就可以把它们的侧缝连接在一起，为腰围的修正做准备。

步骤2A

把前侧片覆盖到前中布料块上，用手指按住净缝边，先把BP点对应，将前侧片固定在前中片上。

步骤2B

正确配对各标记点，用手指按住缝边，把领口和公主线的交点固定在一起，然后固定BP点上方的胸部区域，在固定时大头针应与接缝成直角。

步骤2C

接下来，把前侧片腰线上的十字标记与前中片的对应，并将它们固定在一起。

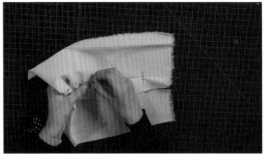

步骤2D

继续固定BP点以下的接缝，把前侧片和前中片连接在一起。由于胸部的形状，连接后犹如杯子的造型，这使得插针更容易，因为这个区域是弯曲的，大头针之间有一些松量。

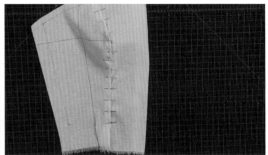

步骤2E

完成衣片的连接，正面朝上放在桌子上。

步骤3A

接下来，用手按住净缝边，连接后侧片与后中片的领口处。

步骤3B

后中片在上，把后中片腰线上的十字标记与后侧片腰部对应。

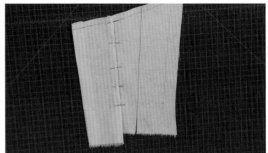

步骤3C

用手指按住后中片的净缝边，将其与后侧片通过公主线接缝连接。

步骤4A

连接侧缝，后片覆盖在前片上方。将后侧片的接缝折起，在领口处对齐，并将它们连接在一起。

步骤4B

将腰线处的十字标记对齐后固定，添加大头针来完成侧缝的连接。

步骤5A

现在所有的衣片都连接起来了，开始修正腰围曲线。首先，用打版尺在腰围线和后中线交点处修2.5cm长的直角。

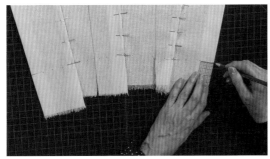

步骤5B

同样的，用打版尺在前中与腰围线的交点修2.5cm长的直角。

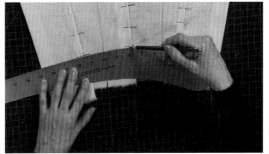

步骤5C

然后用大弯尺从后中的直角开始，连接到侧缝处的曲线。

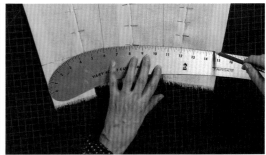

步骤5D

翻转大弯尺的方向，连接从侧缝到前中的曲线，确保能与前中的直角点对接。

小技巧：

剪口是一件衣服生产中重要的标记点，在裁剪和缝制过程中，剪口对于衣服各部分的连接都至关重要。

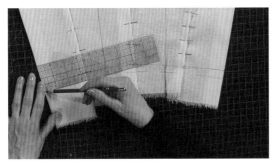

步骤5E

在一圈腰围线上，增加1.3cm的缝边。

步骤5F

用剪刀修剪掉腰线上和侧缝上多余的布料。

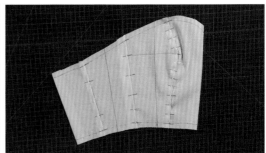

步骤5G

最后一步工作是在公主线上添加剪口。

步骤5H

把前中片上的BP点的标记，也在前侧片上表示。

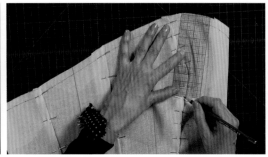

步骤5I

用打版尺在BP点上方3.8cm处打剪口，在BP点下方3.8cm处也打一个剪口。切口标记总是与缝边方向成直角。

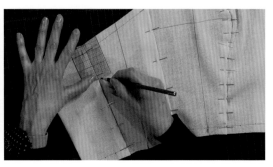

步骤5J

在后片的公主线分割上，从领口向下5cm打第一个剪口，再向下测量1.3cm打第二个剪口。

步骤5K

用缝纫机沿着胸衣的领口缝上固定针，防止领口弧线的拉长。将针距设置在0.25～0.28mm，沿领口弧线从后面的公主线缝到前面的公主线，这有助于稳定公主线的平衡。

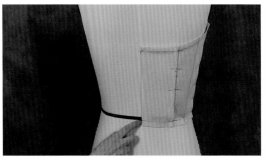

步骤5L

把胸衣固定回人台上，沿着衣服的前中、侧缝和后中固定，检查是否合身。

步骤5M

现在完成了关于抹胸上衣的所有立裁工作。

自我检查

- [ ] 准确地剪裁每块白坯布、调整经纬、标记辅助线；

- [ ] 正确估计了胸部的放松量；

- [ ] 沿着公主线接缝在BP点上下打剪口；

- [ ] 在领口走线以防止弧线拉长。

低圆领公主线上衣身裥连衣裙，设计师：Narces，2014秋季

公主线分割的衣身

学习目标

☐ 测量尺寸，准备白坯布，分割线使用公主线来增加舒适度，增加松量，平衡侧缝；

☐ 修正的过程中圆顺袖窿和肩线处的曲线，并添加缝边；

☐ 正确连接各部分，匹配标记，并修改腰线。

布料：
• 白坯布，长1m。

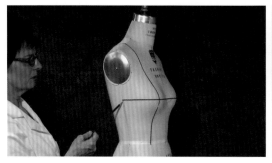

步骤1

从左边的BP点水平到右边的侧缝贴上标记线，完成胸围线的标记。

步骤2

沿着人台前面的公主线，从肩部贴到腰部底端，以标出造型线的位置。

步骤3A

在背部，测量从颈部到腰部的距离，并除以4，其中的1/4是后背宽线所在的位置。

112

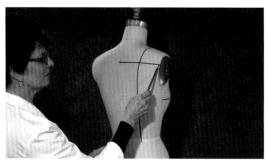

步骤3B

用标记带沿着后背宽线，从后中贴到袖窿边缘处。确保标记线与地板面平行。

步骤4

现在沿背部的公主线，从肩膀到腰线的底部贴上标记带。

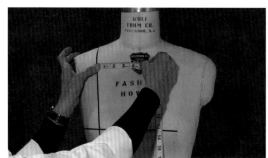

步骤1

测量从公主线到前中线，横跨胸部最宽的部分，并添加10cm作为前中片的宽度尺寸。

步骤2

测量从BP点到侧缝最宽的部分，并添加10cm作为前侧片的宽度尺寸，记录测量尺寸。

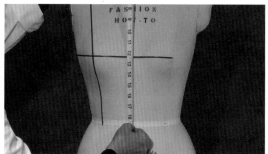

步骤3

对于所有白坯布的长度，从领口的最高处测量到腰围中点的垂直距离，并增加10cm的余量，记录长度尺寸。

步骤4

在背部，测量后背最宽的后中到公主线的距离，并增加10cm作为后中心的宽度尺寸，记录这个尺寸。

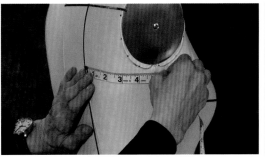

步骤5

现在测量后侧片最宽的部分，加上10cm，记录测量尺寸。

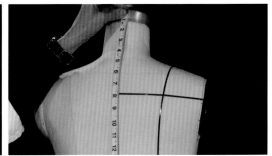

步骤6

测量从后领口到后背宽线的高度，并记录测量结果。

模块3：

准备白坯布

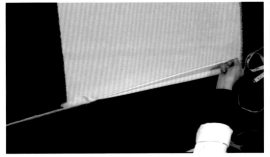

步骤1

下一步是准备各部分所需要的白坯布，先把布边去掉（见第43页）。

步骤2

参照记录的尺寸，测量并撕下所需要的4块白坯布。

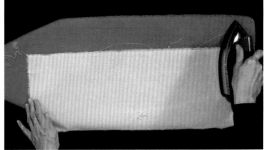

步骤3

不加蒸汽熨烫每块白坯布，记住一定要顺着纱线方向熨烫。

小技巧：

当面料的丝缕方向调整后，经过最后一次熨烫就会"定型"。来自熨斗的热量稳定了经纬线纱向，这样面料就可以在人台上使用了。

步骤4A

用L形直尺来检查长度与宽度是否为直角（见第43页）。

步骤4B

如果有必要的话，把白坯布翻过来，再调整一下，这样经纬纱就会彼此成直角。

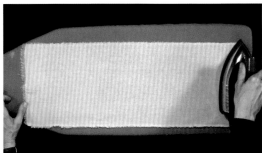

步骤5

最后一次用蒸汽熨烫白坯布。

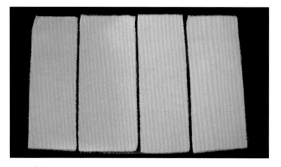

步骤6

如果有需要，可不止一次的调整经纬纱向，最后再用蒸汽熨烫。

模块4：
测量人台尺寸和画辅助线

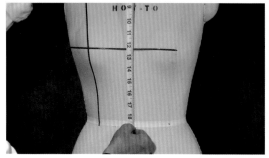

步骤1A

给各块白坯布画辅助线时，需要测量几个尺寸，先从前片开始，测量从领口到胸围线的垂直距离。

步骤1B

然后测量从BP点到前中线的水平距离。

步骤1C

再测量BP点到侧缝的水平距离，加上0.3cm的松量尺寸。

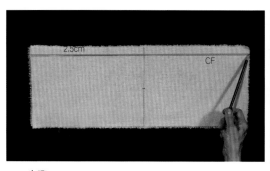

步骤2

前中片面料纬向上测量2.5cm，平行于经向画一条辅助线（图中经过了旋转，看到的是在上方），这代表了前中线（CF）。

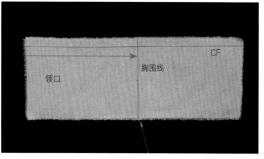

步骤3

确定领口的位置，从领口沿着前中线向下测量领口到胸围线的距离，水平画一条直线，这表示胸围线的位置。

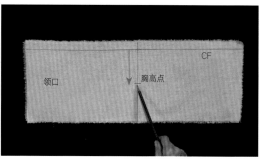

步骤4

沿胸围线从前中测量到BP点的距离，该点表示BP点。

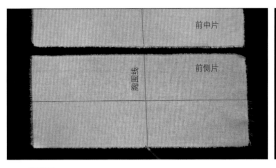

步骤5

把前中片和前侧片并排放在一起，画出前侧片的胸围线，该线与前中心片胸围线在一条线上。

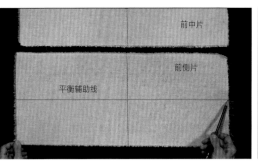

步骤6

将前侧片纵向分成两半，并向下引出一条直线，这是平衡辅助线。

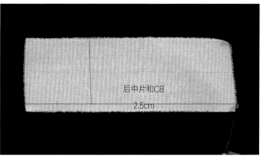

步骤7

后中片(沿底部显示)从布边测量2.5cm，与经向平行画一条直线。这表示后中线(CB)。

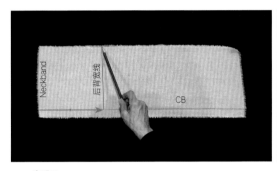

步骤8

确定领口的位置，从领口沿着前中线向下测量领口到后背宽线的距离，画一条直线。这表示后背宽线的位置。

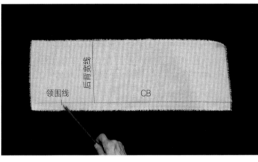

步骤9

在人台上量出后背宽线到领口的尺寸，并在后中线上画上相应的领口交叉标记。

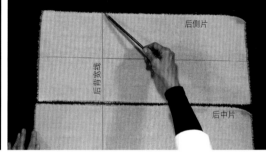

步骤10

同样的，把后中片和后侧片并排放在一起，画出后侧片的后背宽线，与后中片在一条线上。

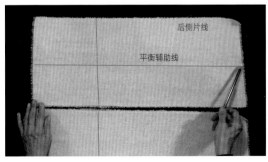

步骤11

将后侧片纵向分成两半，并向下引出一条直线，这是平衡辅助线。

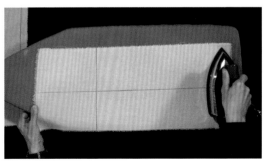

步骤12

做完所有的标记和辅助线后，经过最后的调整和熨烫准备立裁。

步骤1
前中片和后中片分别沿其中心线折进去，然后用手指按压，注意不要用熨斗熨烫，否则会使布料拉长。

步骤2
从前中片开始，把白坯布上的BP点标记和人台上的BP点对应，用两个大头针交叉固定。

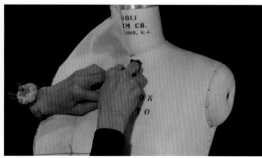

步骤3
沿着前中线固定到领口，保证布料上的胸围线与人台上的胸围线对齐。

116

小技巧：
胸部需要松量，不要把前中线伏贴地固定在两BP点之间。

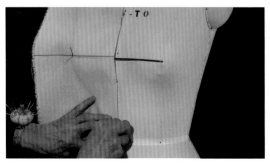

步骤4
固定前中线上从胸线到腰线的一段时，要确保胸部区域有松量（意思是不要将面料伏贴地固定在人台的左右BP点之间）。

步骤5A
从上到下抚平领口处的布料，用手指甲划出领口弧线的形状。

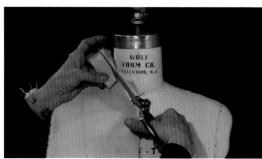

步骤5B
在领口，用剪刀剪下一块长方形，距离领口弧线2.5cm，宽2.5cm。

步骤5C
然后将领口修剪到折痕线以上，使领口上方的布料不紧绷，小心别切到领口弧线。

步骤6
现在把侧颈点和肩线与公主线的交点固定住。

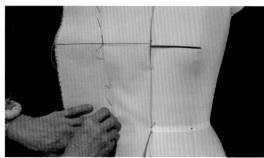

步骤7
沿着公主线固定到腰线上。

模块6：
标记前中片轮廓线并修正

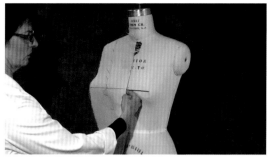

步骤1A

现在标记前中片。

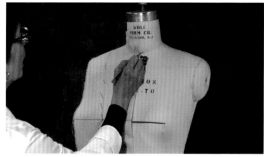

步骤1B

在前颈点做短横线标记。

步骤2

沿着领口做连续点的标记。

步骤3

在侧颈点做十字标记。

步骤4

在公主线与肩线的交点处做十字标记。

步骤5

透过布料，根据人台上的造型线，从领口标记到腰线。

步骤6

在公主线与腰围线的交点处做十字标记。

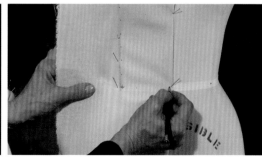

步骤7

继续沿腰线画连续的点，在前中线与腰线的交点处做短横线标记。

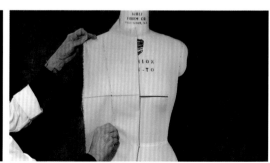

步骤8

确保已经做好了所有的标记，然后从人台上取下衣片。

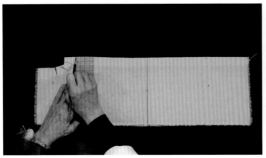

步骤9A
用打版尺，在前颈点做0.6cm长的直角处理。

步骤9B
用曲线尺连接领口弧线。

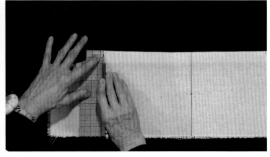

步骤10A
用红色铅笔，把前颈点降低0.6cm或1.3cm增加穿着的舒适性。

小技巧：
把领口与前中线交点处修成直角是很重要的一步。有造型的衣领，前领口能设计成"V"字形或者一个点。

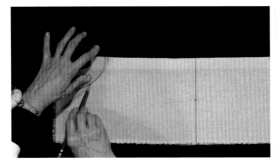

步骤10B
然后将新领口与肩缝连接，确保领口与前中线成直角。

步骤11
在新降低的领口上增加1.3cm的缝边。

步骤12A
用尺子把侧颈点与肩线和公主线的交点连接。

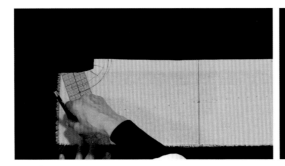

步骤12B
然后在肩缝上增加2.5cm的缝边。

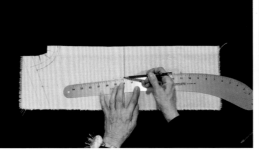

步骤13
用大弯尺连接公主线上从BP点到腰围线的一段。

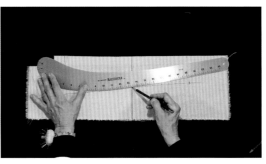

步骤14
将大弯尺翻转过来连接公主线上从BP点到肩缝的一段，通过这两个步骤能得到一条平滑的曲线。

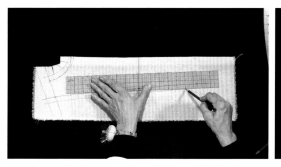

步骤15

在公主线上增加1.3cm的缝边。

步骤16A

剪掉周围多余的布料。

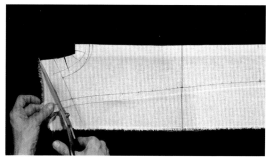

步骤16B

修剪领口、肩部和新降低的领口周围的布料。

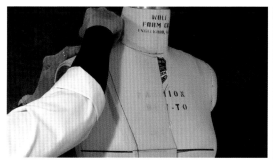

步骤17

把前中片固定回人台上，确保能还原成原来的样子，并且所有的关键点：领口、前中线、腰围、公主线和侧颈点都能吻合。

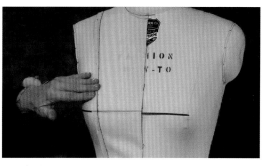

步骤18

将大头针别到人台的肩部和公主线缝处，准备前侧片的立裁。

步骤1A

在胸围线上，测量公主线到侧缝的水平距离，并将其二等分。

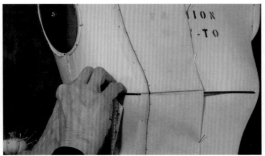

步骤1B

在这个中点位置固定一个大头针。

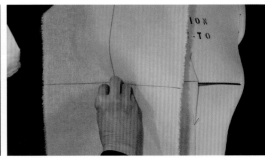

步骤2

透过布料，把前侧片的胸围线和人台上的胸围线对齐。在辅助线交叉的地方，用交叉的大头针固定，以保证布料的稳定。

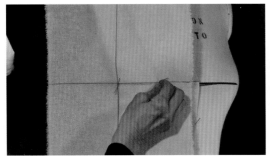

步骤3

在胸围线和公主线的交点处，也固定两个大头针。

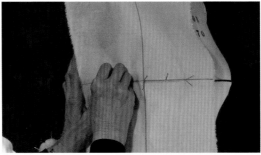

步骤4

继续沿着胸围线固定，在BP点和侧缝之间留一点松量。

步骤5A

从胸部开始向肩部方向，抚平白坯布，并在肩线与公主线的交点用大头针固定。

步骤5B

在肩点用大头针固定。

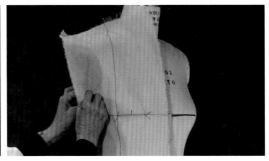

步骤5C

在腋下与侧缝的交点用大头针固定。

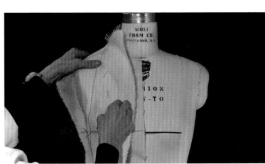

步骤6

从肩线处，沿着公主线固定到BP点。

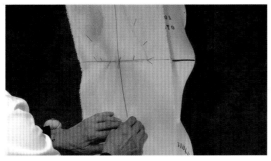

步骤7

保证平衡线与胸围线是一个直角，在腰围线和平衡线的交点处用大头针固定。

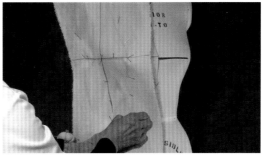

步骤8

继续沿着平衡线向上固定，这有助于固定公主线上从腰围线到BP点的一段时，防止布料的拉动。

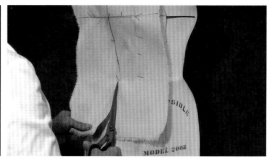

步骤9A

沿着平衡线，用剪刀剪开，以便于臀部的布料不紧绷，但是不要剪到腰围线上。

步骤9B

在腰围线与公主线交点和侧缝与腰围线交点也用大头针固定。

模块8：

标记前侧片并修正

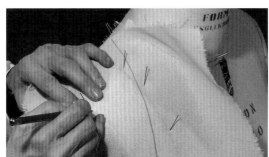

步骤1

开始标记前侧片，在肩点处做十字标记。

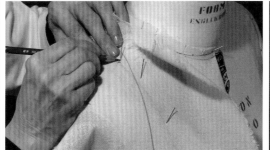

步骤2

在公主线与肩线的交点做十字标记。

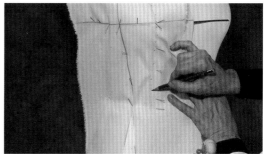

步骤3

透过布料看人台上标记带的位置，用连续的圆点标记公主线。确保是在款式标记同一侧做标记，使用连续的圆点，而不是短横线，因为使用圆点在连接曲线时更加容易。

步骤4

在腰线和公主线的交点，也就是腰线的中间，做一个十字标记。

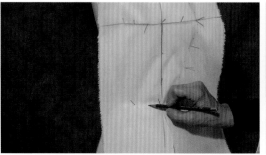

步骤5A

然后由此向侧缝方向标记连续的点，到与侧缝的交点停止。

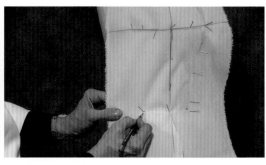

步骤5B

在侧缝和腰围的交点处做十字标记。

步骤6

在侧缝与腋下做十字标记。

步骤7

从肩点开始，用笔做连续的点，直到与袖窿金属片上的螺丝平齐为止。

步骤8

在与袖窿金属片上的螺丝平齐的位置做十字标记。

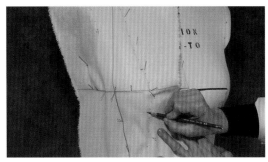

步骤9

在BP点上下5cm处各做短横线的标记，表示胸部区域松量的所在。

步骤10

移去这个区域的大头针，然后在前中片的对应位置也做短横线标记。

步骤11

确保已经做好了所有的标记，然后从人台上取下衣片。

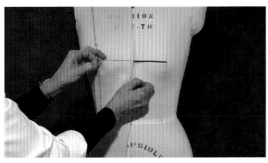

步骤12

现在取下前中片，为曲线的连接以及修正做准备。

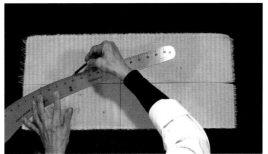

步骤13

正面向上，利用大弯尺圆顺公主线。

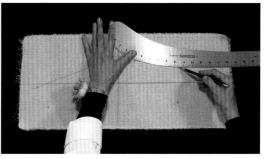

步骤14

需要把大弯尺翻转或者移动，以得到最佳的曲线。

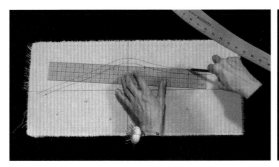

步骤15

用打版尺在公主线接缝处增加1.3cm的缝边。

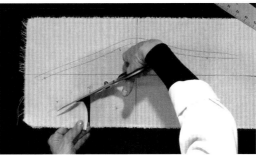

步骤16

剪掉距离袖窿标记约2.5cm以外多余的布料。

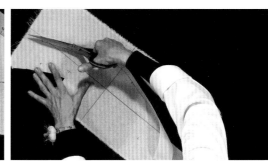

步骤17

剪掉公主线接缝处多余的布料。

步骤18

剪掉前中片公主线接缝处多余的布料。

步骤19

把前中片的公主线缝边折向反面，并用手指捏住净边线。

步骤20

用大头针把前侧片和前中片连接，并在公主线拼接过程中，把线上短横线标记对齐。

小技巧：

当把胸衣的衣片连接到一起时，需要把衣片上的关键点、剪口和交点标记都对上。

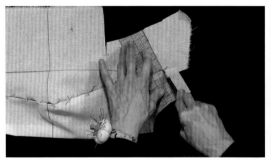

步骤21A

用打版尺把侧颈点和肩点连接起来。

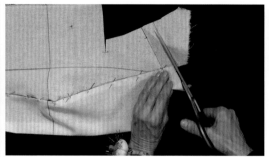

步骤21B

在肩线上增加2.5cm的缝边，并修剪多余的布料。

步骤22

把连接好的衣片放回人台上，确保能与原来的位置吻合，所有的关键点和交叉点都能对上，包括领口弧线、肩点和侧颈点。

步骤23

把大头针平别进人台的肩缝处，为后片的立裁做准备。

步骤24A

沿前中线从与袖窿金属片上的螺丝平齐的的位置所在的高度开始固定，但要记得在胸部区域留有松量。

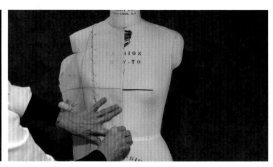

步骤24B

把前中线上腰部的标记对上。

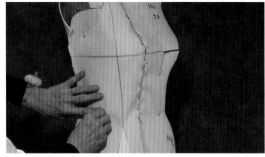

步骤25

在腋下和侧缝与腰围线的交点固定大头针。

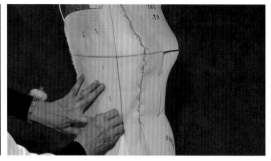

步骤26A

从腋下到腰部，在侧缝处垂直固定一排针距约2.5cm的大头针。

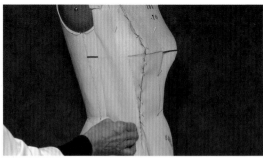

步骤26B

取下侧缝上固定的大头针，将布料翻折过来，在面料的上方和底部用大头针简略固定一下，为后片的立裁做准备。

步骤1A

将后中片披挂在人台上，并在领口处和背宽线处固定。

步骤1B

继续沿着后中线，固定到腰线。

步骤2

在后中线与公主线之间，背宽线上需要增加服装松量。

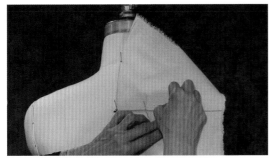

步骤3

在背宽线和公主线的交点处固定。

步骤4

继续在背宽线上，按照不同的方向交替插入大头针。

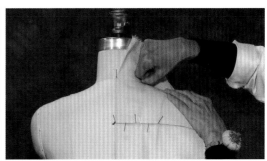

步骤5A

用手指顺着人台颈部，指甲划出领口弧线的形状。

小技巧:

你必须在接近领口褶皱处打剪口，这样在立裁时后领口区域才能伏贴。

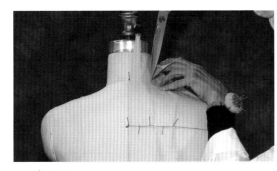

步骤5B

然后在领口处打剪刀口，把布料释放出来，注意不要剪到超过折痕的地方。

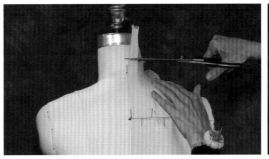

步骤6A

修剪领口多余的布料，防止卷边。

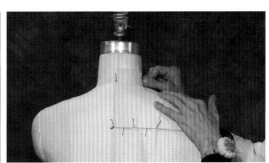

步骤6B

然后在侧颈点用大头针固定。

步骤7

在侧颈点和肩点之间稍微留有松量。

步骤8A

轻轻地把布料盖过肩线。

步骤8B

在肩线与公主线交点处用大头针固定，并在多余的布料上固定针。

步骤9

沿着公主线，向下固定到与腰围线的交点，并在固定时抚平白坯布。

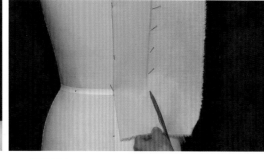

步骤10A

剪开腰围线以下的布料，以释放臀部的布料。

步骤10B

在腰围线与公主线的交点用大头针固定。

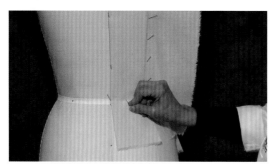

步骤10C

从此交点开始，沿着腰围线，固定到后中线上。

模块10：
标记后中片轮廓线并修正

步骤1

按逆时针方向开始标记，在后颈点做短横线标记，然后沿着领口标记连续的点。

步骤2

在侧颈点做十字标记。

步骤3A

沿肩线画上连续的点。

步骤3B

在肩线与公主线的交点处做十字标记。

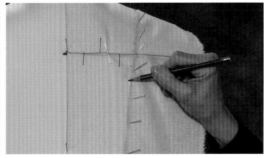

步骤4A

按照人台上标记带，沿公主线向下到腰线的一段，做连续的点，与前片公主线的接缝要在肩线上对齐。

步骤4B

背宽线垂直向量下7.5cm，与公主线的交点处画一个短横线，这是表示后片的放松量的区域。

步骤5

在腰围线与公主线的交点处做十字标记。

步骤6A

然后沿着腰围线，做连续的点到与后中的交点处结束。

步骤6B

在后中线与腰围线的交点处做短横线标记。

步骤7

确保已经做好了所有的标记，然后从人台上取下衣片。

步骤8

在开始连接曲线之前，先将背宽线上固定松量的大头针取下。

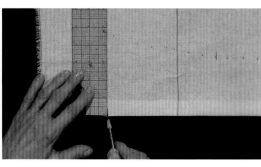

步骤9

在后颈点处修0.6cm长的直角。

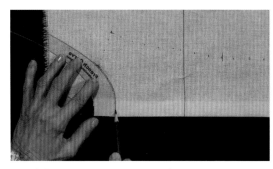

步骤10A

用曲线尺圆顺后领口曲线。

步骤10B

在领口处增加1.3cm的缝边。

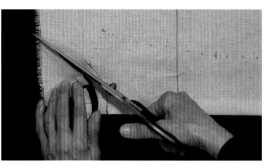

步骤10C

剪掉多余的布料。

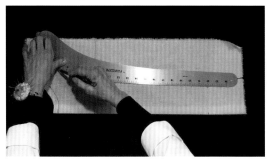

步骤11A

用大弯尺连接公主线上从肩线到腰线之间的一段曲线。

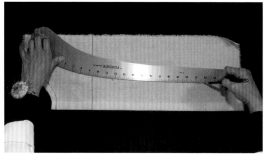

步骤11B

根据曲线的形状，可能需要翻转尺子，以便于得到更加完美的曲线。

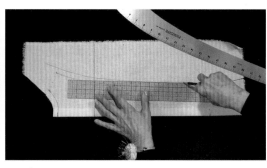

步骤11C

公主线接缝处增加1.3cm的缝边。

模块11:
立裁后侧片

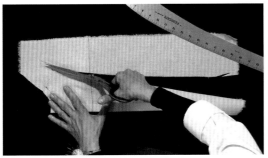

步骤11D
剪掉公主线接缝处多余的布料。

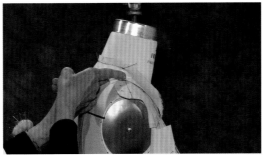

步骤12A
把后中片固定回人台上，就像在立裁时一样，用大头针平针固定在人台肩部区域。

步骤12B
并把公主线上的缝边折进去，为后侧片的立裁做准备。

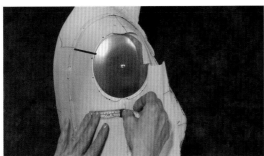

步骤1A
用卷尺在腋下水平方向上，找到人台侧面的中点。

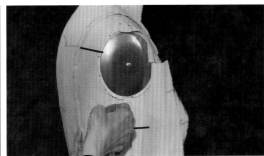

步骤1B
在该点插入一根大头针。

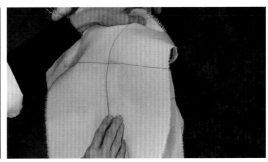

步骤2A
把后侧片和后中的背宽线对齐，用大头针固定。

步骤2B
在袖窿的边缘位置固定大头针。

步骤3
用不同方向的大头针交替固定背宽线，袖窿边缘到公主缝之间留一点松量。

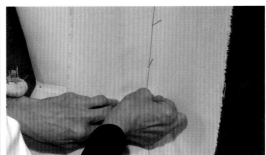

步骤4A
确保平衡线与背宽线成直角，将平衡线上从背宽线到腰部的一段固定在人台上。

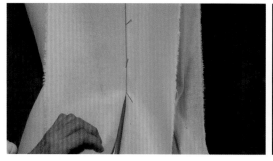

步骤4B

沿着平衡线，剪到腰围线以下，使臀部的布料不紧绷。

步骤5

把面料由下往上，并越过背部区域，抚平背部的布料，并在肩线与公主线交点处用大头针固定。

步骤6

在肩线的中间固定进一点松量。

步骤7

轻轻地将布料盖过肩，用大头针固定在肩点处和多余的布料上。

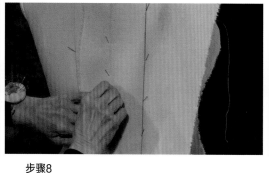

步骤8

现在透过布料看人台上后中线的标记，沿公主线用大头针固定。

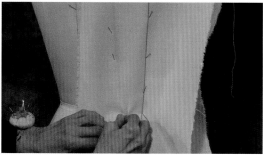

步骤9

在腰围线上，平衡线和公主线之间给腰身留点松量。

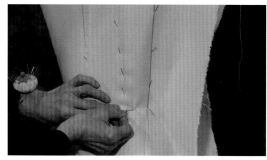

步骤10

继续沿着公主线用大头针固定，到与腰围线交点处停止。

步骤11A

接下来，沿着背宽线剪开，在袖窿边缘停止。

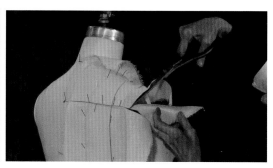

步骤11B

现在把袖窿上半圈的布料，修剪到距离边缘2.5cm处。

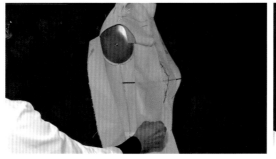

步骤12

取下前片上腋下和腰部的固定针。

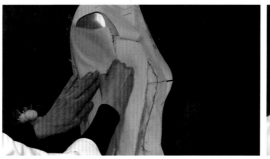

步骤13

固定后片腋下的位置。

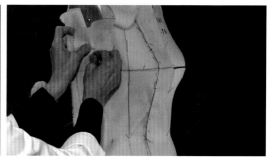

步骤14A

在袖窿底点处将前片和后片连接起来。

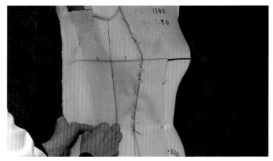

步骤14B

然后在腰部连接前片和后片的接缝。

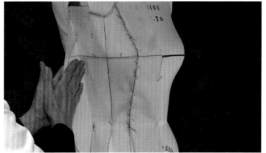

步骤14C

用手掌轻拍侧面接缝处。

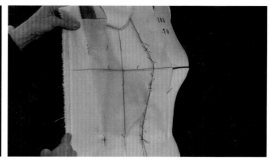

步骤14D

确保侧缝纱线纱向的正确，这意味着侧缝边缘要么完全匹配，要么上下有相同的差异。

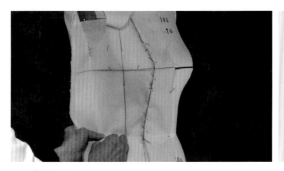

步骤14E

如果发现有差异，请取下腰部的大头针，重新调整后片的腰部，直到顶部和底部的侧缝都能对齐。

小技巧：

为了得到一个平衡的侧缝，前片和后片的侧缝必须与人台的侧缝对齐，纱线纱向必须是在一个水平线的，并相互匹配。

标记后侧片轮廓线并修正

132

步骤1
在公主线与肩线的交点处做十字标记。

步骤2
沿着肩线做点的标记，在肩点处做十字标记。

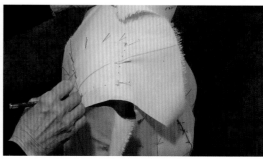

步骤3
将后袖窿点至背宽线高度上。

步骤4A
沿人台上的公主线位置做连续的点。

步骤4B
把松量标记转移。

步骤5
继续点公主线，在与腰围交点处做十字标记。

步骤6
沿着腰围线从后中点到侧缝。

步骤7
在袖窿底点腰围线处十字标记后侧缝。

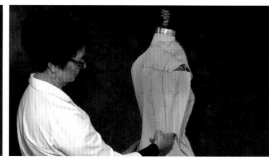

步骤8
检查一下，确定所有的关键点都已经被标记。

步骤9

保持侧缝连接的状态，把面料从人台上取下来。

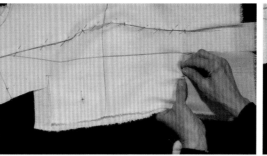

步骤10

前中片正面朝上，把腋下和腰部的大头针重新固定，使其把前侧片和后侧片两层布料固定在一起。

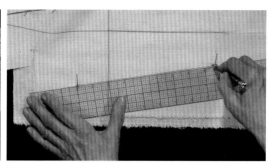

步骤11

用打版尺连接袖窿底点与腰围和侧缝的交点。

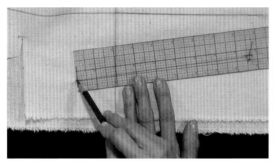

步骤12A

为了穿着的舒适性，袖窿底点向下移动2.5cm。

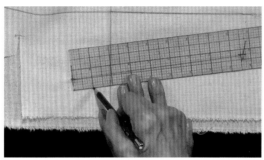

步骤12B

袖窿底点再向外延伸1.3cm。

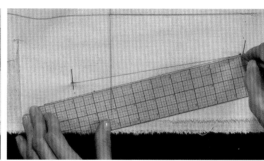

步骤12C

然后把降低后的袖窿底点与腰围上的十字标记连接。

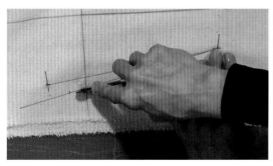

步骤13A

将描图纸正面朝上，放在侧缝下面，使用滚轮跟踪腰围标记、原袖窿、降低的袖窿、新侧缝和腋下线。

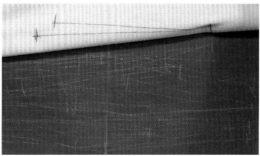

步骤13B

检查是否已经做完了所有的标记。

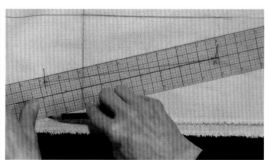

步骤14A

在侧缝处增加2.5cm宽的缝边。

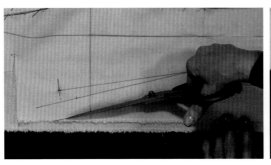

步骤14B

剪掉多余的布料。

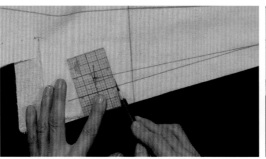

步骤15

现在将降低后的袖窿弧线修直角，袖窿与侧缝的接口处修1.3cm的直角。

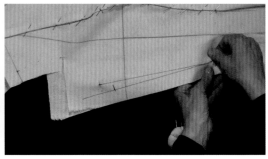

步骤16

取下腋下和腰部的固定针，然后将后侧片从前片分离。

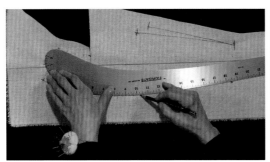

步骤17

后侧片朝上，用大弯尺连接公主线，一边移动尺子，一边连接曲线。

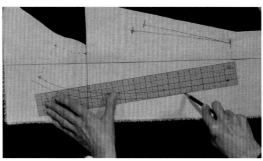

步骤18A

取下肩部固定松量的大头针，然后在公主线缝中增加1.3cm的缝边。

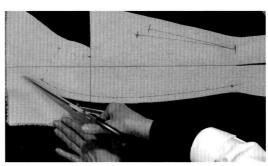

步骤18B

剪掉多余的布料。

小技巧：

在绘制曲线时，可能需要多次移动曲线工具。也可以先轻轻画出线条的形状，如果对画好的线比较满意，再重新把它们描黑。

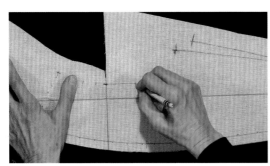

步骤19

在修整后袖窿之前，从袖窿与背宽线交点处向下画一条大约长5cm的直线。

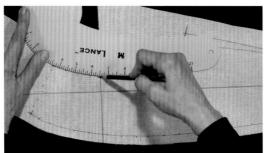

步骤20A

连接上半圈的袖窿弧线。

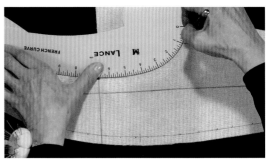

步骤20B

然后翻转尺子的方向，画出降低后的袖窿弧线。不要让曲线超出5cm的辅助线。

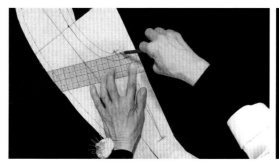

步骤21A

增加1.3cm宽的缝边。

步骤21B

剪掉多余的布料。

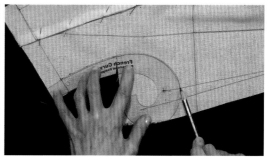

步骤22

使用曲线尺，画出原袖窿弧线和降低且扩大的袖窿弧线，使其连接肩点，通过与袖窿金属片上的螺丝平齐的位置的标记。

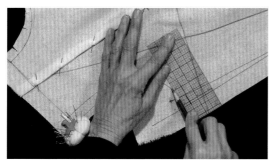

步骤23A

增加1.3cm宽的缝边。

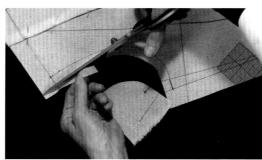

步骤23B

剪掉多余的布料。

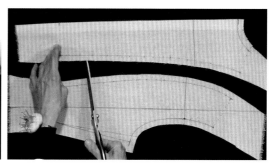

步骤24A

在后中片上的公主线缝边上，打上剪口。

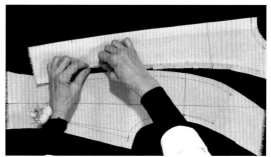

步骤24B

用手指沿净边线折进缝边。

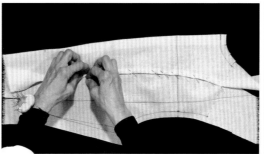

步骤24C

把后中片固定在后侧片上方，在固定时把公主线上的标记对齐。

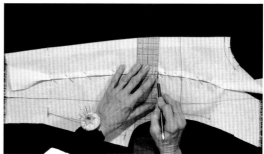

步骤24D

针距为0.6cm。

模块13:
最后的工作

步骤25

使用曲线尺连接肩线。把曲线尺翻转过来，以便于得到一条光滑的线。

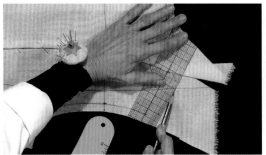

步骤26A

增加2.5cm宽的缝边。

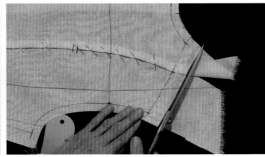

步骤26B

剪掉多余的布料。

步骤1A

用手折起后片的侧缝缝边。

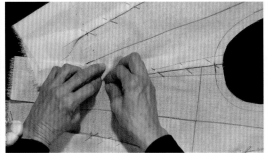

步骤1B

然后把后片放在前片上，把前片与后片连接在一起。

步骤2A

用尺子在后中与腰围的交界处做2.5cm长的直角。

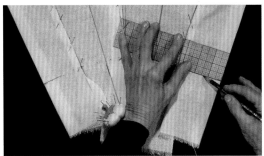

步骤2B

在前中处也做同样的处理。

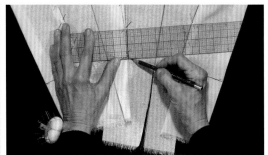

步骤3

在前后片连接的侧缝处，也做1.3cm长的直角。

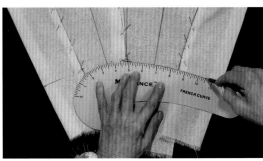

步骤4A

用曲线尺把腰线从后中到侧缝，从侧缝到前中连接。

公主线上衣身的变化形式，可以看到公主线是从袖
窿处引出，而不是从肩部。安东尼奥·马拉斯2014
年春夏

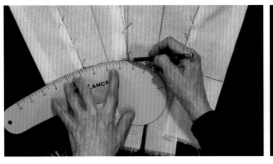

步骤4B

然后将造型曲线翻转过来，连接从侧缝到后中的曲线。

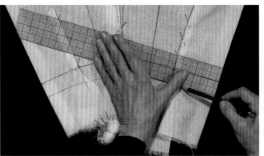

步骤5A

在腰围线上增加2.5cm的缝边。

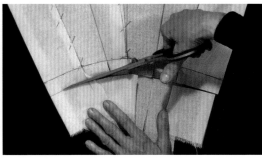

步骤5B

剪掉多余的布料。

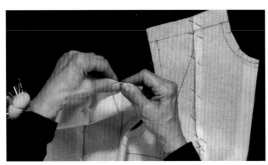

步骤6A

用手指把后片肩线的缝边折进去。

步骤6B

然后把后片与前片连接在一起，后片在前片上方，并把肩线上的公主线标记对齐。

步骤7A

把白坯布挂回人台上，检查是否合适。

步骤7B

现在完成了所有的工作。

自我检查

☐ 前侧片和后侧片的侧缝是否对正？

☐ 侧缝是否平衡？

☐ 前片和后片上的松量标记是否对齐？

☐ 后肩是否添加了松量？

合体上衣身样板是这类修身裙的基础，拉夫·劳伦，2014秋冬

合体上衣衣身原型

学习目标

☐ 量取尺寸后准备白坯布；

☐ 在腰线以下完成立裁工作，增加松量并平衡侧缝；

☐ 知道在哪里和如何添加省道：在前片和后片上添加肩省、胸省，在胸部到腰部区域添加省道；

☐ 修正：圆顺前后袖窿弧线，使腰部省道对称，重新绘制腰线后添加缝份。

布料：

· 白坯布，长1m。

模块1：
准备人台

步骤1
　　第一步是先用标记带在人台上贴出辅助线，首先是胸围线，用标记带水平穿过BP点再到右边侧缝，要使标记线能够与地面平行。

步骤2
　　在后中线上，测量从领口到腰部的长度，并将其除以4，得到背宽线所在位置。从后中向侧缝方向水平贴上标记带表示背宽线。

步骤3A
　　沿着前中线从腰线往下垂直量18cm，找到臀围线位置。

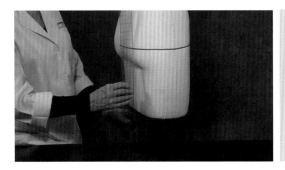

步骤3B
　　从前中到后中标记臀围线时，要确保线能够与地面平行。

小技巧：
　　检查臀围线是否与地面平行的最好方法是，用尺子以桌子为起点，测量到臀围线的距离，不要从腰部往下量，因为腰部的凹陷和臀部的凸起会让水平面扭曲。

模块2：
人台测量尺寸

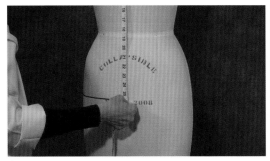

步骤1
　　为了准备白坯布，需要记录一系列的尺寸。使用第142页的尺寸测量表把所需要的尺寸都记录下来。首先测量从领口到臀围线的距离，再加上7.5cm，这是前片布料的长度。

步骤2A
　　测量胸围线上从侧缝过BP点到前中线的水平距离。

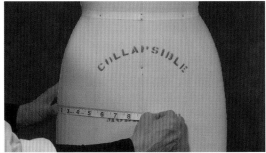

步骤2B
　　将这个尺寸与在臀围线上从侧缝到前中线的尺寸进行比较。取两者中较大的一个，加上10cm。这将是前片布料的宽度。

步骤3

从后颈点量到臀围线的距离，再加上5cm，这就是后片布料的长度。

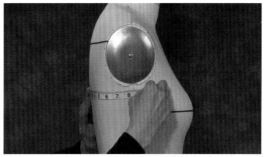

步骤4A

在腋下，测量后片上从侧缝到后中最宽的尺寸。

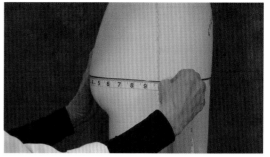

步骤4B

把这个尺寸和臀围线上从前中到侧缝的距离比较一下。取这两个中较大的一个，加上10cm，这是后片布料的宽度尺寸。

模块3：

准备白坯布

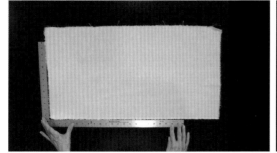

步骤1

使用表格中记录的前片和后片的尺寸，准备前片和后片的白坯布。

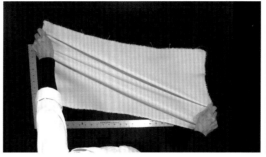

步骤2

使用L形角尺检查每块布料的角是否都是直角，再把布料翻过来测量，确保每个角都为直角。

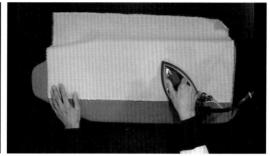

步骤3

使用熨斗熨平布料，小心不要拉伸到布料，通常是按照布料的纱线方向进行熨烫，不要沿着对角线熨烫。

模块4：

测量人台尺寸和画辅助线

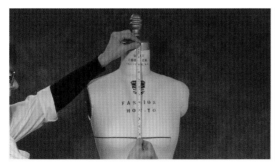

步骤1A

标记白坯布时需要测量以下几个尺寸，首先是从前颈点到胸围线的距离，这是前长。

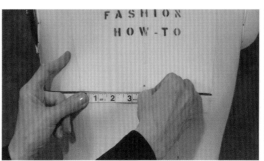

步骤1B

测量从BP点到前中心线的水平距离。

步骤1C

测量从侧缝到BP点的水平距离，并加上0.3cm作为松量。

尺寸表

面料尺寸	单位	cm
前片面料的长度（从前颈点到臀围线的垂直距离加上7.5cm）		
胸围（从侧缝到前中心线的水平距离）		
前片的宽度（比较臀围线上和胸围线上从侧缝到前中的距离，使用最大的尺寸加上10cm）		
后片面料的长度（从后颈点到臀围线的垂直距离加上5cm）		
后片的宽度测量（在腋下测量从侧缝到后中最宽的尺寸）		
后片面料的宽度（比较臀围线上和胸围线上从侧缝到后中的距离，使用最大的尺寸加上10cm）		
身体尺寸		
身体的前长（在前中线上测量从前颈点到胸围线的距离）		
BP点到前中心		
侧缝到BP点的水平距离加上0.3cm松量		
BP点到臀围线的距离		
后长（在后中心线上测量后颈点到背宽线上的距离）		
后中到袖窿边缘（测量背宽线的长度加上0.6cm的松量）		
背宽线到臀部		

步骤1D

测量BP点到臀围线的距离，均从标记带的上沿测量。

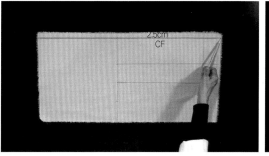

步骤2

距离布料的顶部2.5cm，平行经向画一条辅助线，这条线代表前中线（在图片上显示为顶部）。

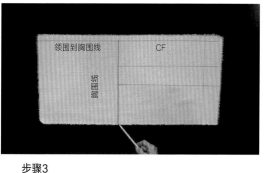

步骤3

沿着前中线向下量前长（从领围到胸围线的长度），平行纬向画一条辅助线，这表示胸围线。

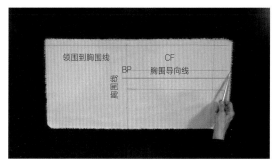

步骤4

在胸围线上，从前中线向下量取到BP点的距离，并作标记。然后经过此点平行经向画出胸围线的导向线。

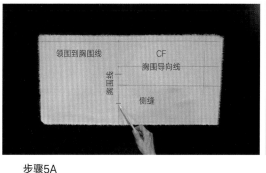

步骤5A

继续从BP点向下量取到侧缝的距离，要包含0.3cm的松量，做上标记，表示侧缝的位置。

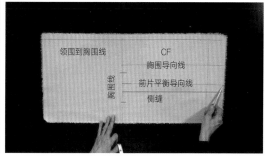

步骤5B

用卷尺沿胸围线，将侧缝和BP点之间分成两半，并向下拖动一条直线到布料的底边。这是前片的平衡线所在。

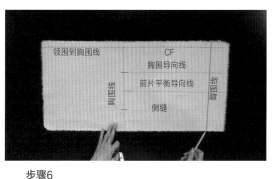

步骤6

从BP点开始垂直向下量取到臀围线的距离，平行胸围线画一条直线表示臀围线的位置。

步骤7A

后片上，首先测量从后颈点到背宽线的距离，记下这个尺寸。

步骤7B

沿着背宽线，测量从后中到袖窿边缘的距离，加上0.6cm松量的尺寸。

步骤7C

记录从背宽到臀围线标记带上方的垂直距离。

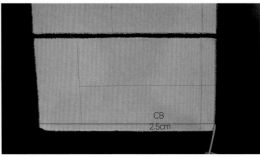

步骤8

在后片的布料上，距离左侧2.5cm平行经向画一条直线（在图片中经过了旋转，在图片的底部）这条直线表示后中线。

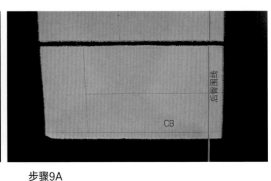

步骤9A

把前片和后片布料并排放在一起，把前片上臀围线延长到后片上，作为后片上的臀围线。

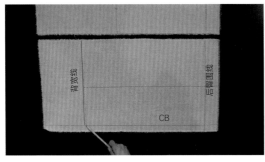

步骤9B

从臀围线开始量取到背宽线的距离，并平行纬向画一条直线，这条直线表示背宽线。

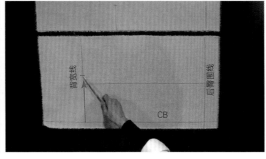

步骤10

在背宽线上，从后中开始量取到袖窿边缘加上0.6cm的距离，然后做一个标记。

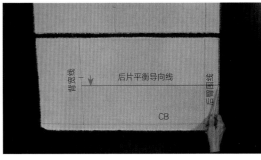

步骤11

从这个标记开始，向后中方向量3cm，然后平行经向画直线，表示后片的平衡线。

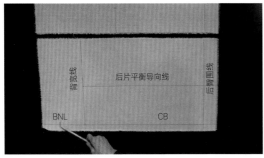

步骤12

在后中与背宽线交点向上量取到后颈点的距离，做标记，表示后领口的位置。

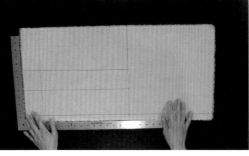

步骤13

完成前片和后片上的辅助线之后，再用L形角尺检查布料的边角确保垂直。

步骤14

最后再用熨斗烫平，为立裁准备。

步骤15

沿前中线和后中线，把多余的布料折进去，用手指按压折痕。千万不要熨烫折痕，因为这样会把布料拉长。

模块5：

立裁前片

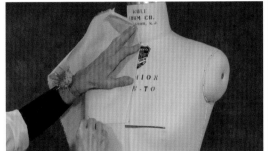

步骤1

把布料上BP点与人台上的BP点对齐，然后用两根交叉的大头针固定此点。

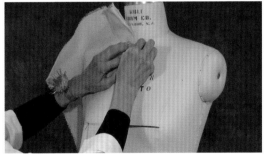

步骤2

固定前中线上从胸围线到领围的一段，保证布料上的胸围线能够与人台上的标记带对齐。

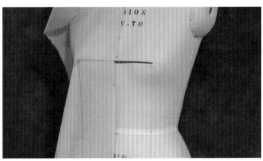

步骤3A

在固定胸围线到臀围线的一段时，要让胸部之间是放松的状态，不要把布料紧紧地固定在两BP点之间。

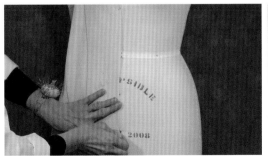

步骤3B

在臀围线与前中的交点用大头针固定。

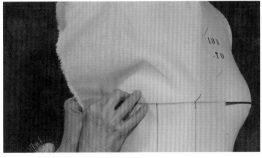

步骤4A

保证胸围线与人台上的标记带对齐的同时，用大头针将胸围线与侧缝的交点固定。

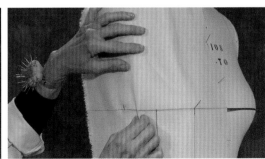

步骤4B

在BP点和侧缝之间保留0.3cm的松量。

小技巧：

在臀围线上，侧缝和平衡线之间增加臀围的松量。

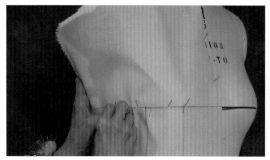

步骤4C

然后用交替方向的大头针把胸围线上从BP点到侧缝一段固定住，这样做能够使布料稳定。

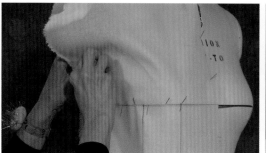

步骤5

向上抚平布料，在袖窿底点用大头针固定。

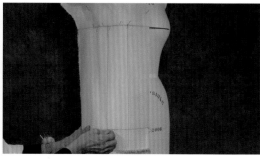

步骤6

确定平衡线的位置，平衡线需要与胸围线和臀围线成直角，并用大头针固定。

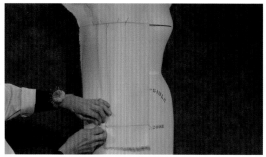

步骤7

在臀围线上，在侧缝和平衡线之间捏起0.3cm的量，并用大头针将其固定住。

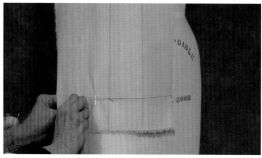

步骤8

在侧缝和臀围线的交点处用大头针固定。

步骤9A

在胸围线标线与臀围线的交点处，把臀围上多余的布料用大头针固定。

步骤9B

在胸围标线与臀围线的交点处用大头针固定后，由于人台尺寸不同，可能会有0.3cm的量或者更少，如果是这样，很容易处理。如果超过了0.3cm，在之后将会形成一个省道。

步骤10

把面料从胸部向上抚平到领口处。

步骤11

抚平领口的布料，用手指找到领口弧线的位置，划出折痕。

步骤12

用剪刀从前颈点开始剪下一块2.5cm长、2.5cm宽的长方形。

步骤13

通过向折痕方向剪刀口,释放领口处的布料。不过要小心不要超过领口的折痕。

步骤14

在侧颈点用大头针固定。

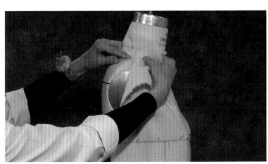

步骤15A

将胸部区域的布料向上抚平,确保没有不平服的现象。把多余的布料折叠在肩线上,形成肩省。

步骤15B

形成的省中线应该与公主线对齐,然后用大头针在肩线中点处固定。

步骤15C

省道对齐后,在公主线与肩线的交点处用大头针固定。

步骤16

在肩点处用大头针固定。

步骤17

抚平省道周围的布料,使省尖点指向BP点。

步骤1A

开始前片的标记，首先在前颈点的位置做短横线的标记。

步骤1B

沿着领口弧线到侧颈点处点上连续的圆点。

步骤2

在侧颈点位置做十字标记。

步骤3

在肩省的两条省边线分别做十字标记，保证与人台上肩缝在一条水平线上。

步骤4

在肩点的位置做十字标记。

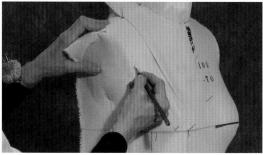

步骤5

沿袖窿弧线的边缘标记连续的圆点，到达与袖窿金属片上的螺丝平齐的位置，做一个十字标记。

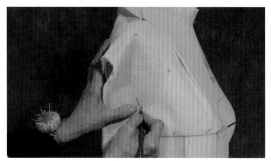

步骤6

在腋下与侧缝的交点做十字标记。

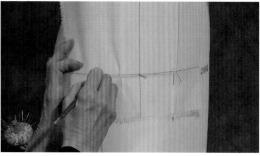

步骤7

在侧缝和臀围线的交点做十字标记。

步骤8

在胸围标线上形成了省道，在两条省边线上也做上十字标记。

步骤9

在腰围标记带的中间，与前中的交点做短横线的标记。

步骤10

把布料从人台上取下来修正曲线之前，确保所有的标记都已经完成了。

模块7：
修正前片样板

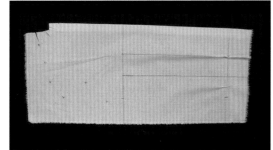

步骤1

先将布料正面向上，平放在桌子上。

步骤2

用曲线尺连接并圆顺领口弧线。

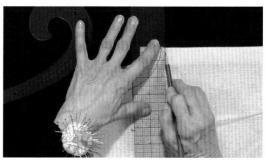

步骤3A

用红色的铅笔，把前颈点向下降低0.6cm，在前中处修直角。

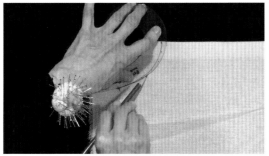

步骤3B

使用曲线尺把降低后的领口弧线圆顺。

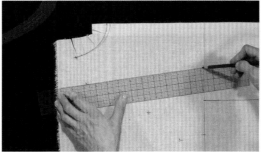

步骤4

把肩线上距离前中最近的省边线上的标记与BP点连接。

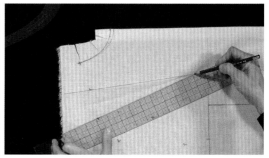

步骤5

沿这条省边线向上至少移动1.3cm作为省尖点，对于其他特定服装中的省尖点，也是这样。然后把新的省尖点标记与省边线的十字标记连接，完成省道的修正。

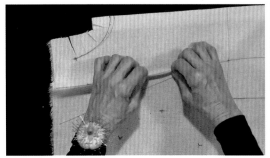

步骤6A

把靠近前中线的省边线与另一条省边线折叠。

步骤6B

用大头针把省道固定，此时省中线朝向前中方向。

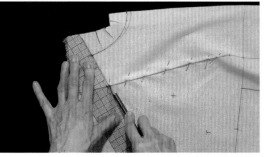

步骤7A

用打版尺连接肩线。

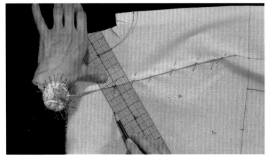

步骤7B

在肩线上增加2.5cm的缝边。

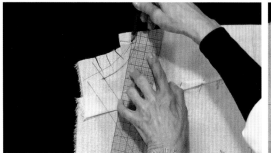

步骤7C

在新降低的领口弧线上增加1.3cm的缝边。

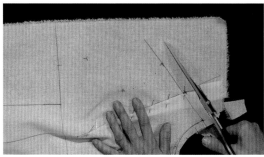

步骤7D

剪掉肩部和领口处多余的布料。

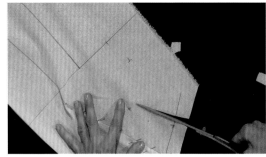

步骤8A

在袖窿处，剪去距袖窿2.5cm以外的多余布料，并与袖窿金属片上的螺丝平齐的高度成直角。

步骤8B

沿着袖窿金属片上的螺丝平齐所在高度的直线剪开，然后在完成后片的修正之后再来完成袖窿的修正。

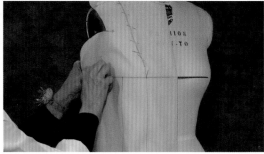

步骤9A

把面料重新固定回人台上，就像之前立裁时一样，在前颈点、臀围线上、BP点及侧缝和胸围线的交点处用大头针固定。

步骤9B

在侧颈点和肩点处保证与人台上的相应标记对齐，然后用大头针固定肩线。

步骤10

在袖窿底点处用大头针固定。

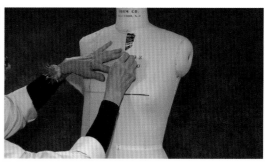

步骤11

固定前中线上胸部的区域。

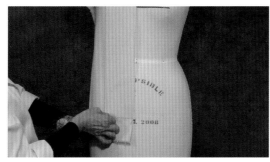

步骤12

在胸围线与臀围线的交点固定。

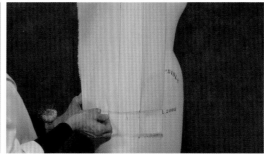

步骤13

沿着臀围线固定。

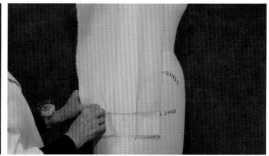

步骤14

在臀围线和侧缝的交点固定。

步骤15A

距离袖窿底点2.5cm处用大头针固定。

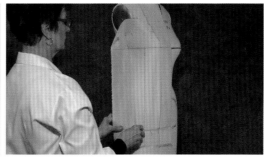

步骤15B

距侧缝与臀围线交点2.5cm处再固定一个大头针。

步骤16

取下侧缝上的针，把侧缝处的面料折向前面。为了后片立裁的方便，在两层布料的顶部和底部用大头针固定。

步骤1

把布料的后颈点与人台上的后颈点对齐，并用大头针固定。

步骤2

把布料上的背宽线与人台上的背宽线对齐，并沿着标记带的上沿，在与后中的交点处固定。

步骤3

在后片的臀围线上固定一个大头针。

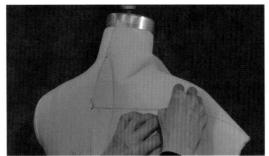

步骤4A

把布料上的背宽线与人台上标记带的上沿对齐，在袖窿与背宽线的交点处固定。

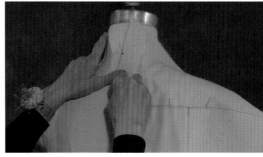

步骤4B

用交替方向的大头针固定背宽线。

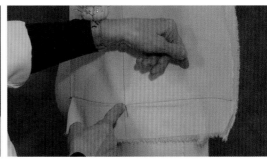

步骤5

在平衡线与臀围线的交点固定。

步骤6

在平衡线和侧缝之间，用手捏起0.3cm的量作为松量，用大头针将其固定。

步骤7

把前片臀围线上的大头针取下，方便将前后片侧缝固定在一起。

步骤8A

用手指顺着人台上的领口形状，在布料上划出领口弧线的折痕。

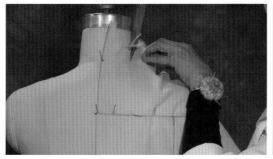

步骤8B

用剪刀顺着折痕线剪开，以便松开领口处紧绷的布料。小心别剪到折痕以外。

步骤8C

剪到距离领口折痕1.3cm处，防止布料卷边。

步骤9

在侧颈点用大头针固定。

步骤10A

前肩省和后肩省应该对齐。

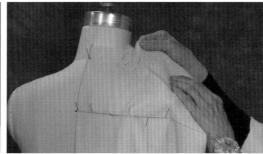

步骤10B

直接越过肩线，在侧颈点和肩省之间用手捏起0.3cm作为松量。

步骤10C

在后片上与前肩省对应的位置，用手捏起0.6cm的量作为后肩省量。

步骤10D

在肩点和肩省之间捏起另一个0.3cm作为松量。

步骤11

轻轻的把布料盖过肩线，在肩点处固定。

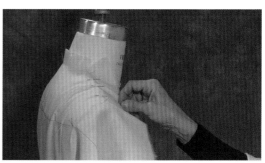

步骤12

再次把布料拉下来，用大头针在前片上把两层布料固定。

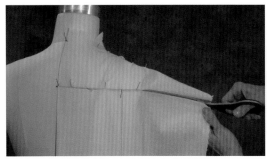

步骤13A

从袖窿处沿背宽线剪开。

步骤13B

剪掉距离袖窿2.5cm以外多余的布料。

步骤14A

在袖窿和侧缝区域整理造型，使其形成一种箱型的形状。

154

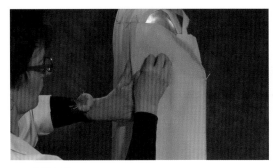

步骤14B

保持四四方方的形状，在袖窿底点固定一个大头针，在2.5cm处再别一个。

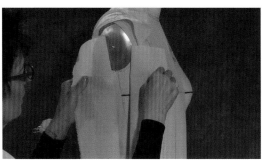

步骤15A

取下前后片上腋下和侧缝上的固定针。

步骤15B

在腋下的位置把前后片的侧缝固定在一起。

小技巧：

布料在侧缝处必须对齐，尤其是在使用格子或者条纹布料时更应该如此。

步骤15C

用手掌轻拍侧缝线上，从腋下到臀部区域的布料。

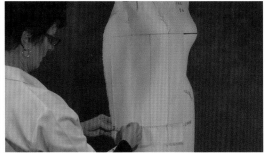

步骤15D

用皮尺测量侧缝与腋下的交点到布料边缘的距离和侧缝与臀部交点到边缘的距离，并比较其大小。侧缝应该在顶端和底端有相同的距离，以便于很好地对齐。

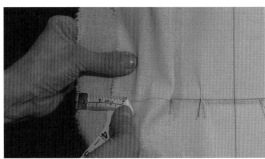

步骤16A

可能会发现后片比前片大，反之亦然，而且这两条边在侧缝处没有完全对齐。在这里的臀部侧缝处，后片与前片之间产生了3cm的差异。无论前面和后面的差别是什么，都必须做出调整，使其上下差相同，否则侧缝将不平衡。

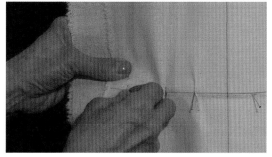

步骤16B

可以通过重新调整前片臀部区域的固定针位置，来达到上下相同的差别。

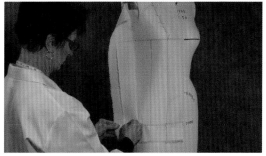

步骤16C

用卷尺检查，以确保现在在顶部和底部有相同的差异。

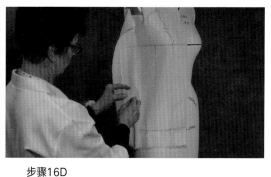

步骤16D

然后距离布料的边缘大约2.5cm，将前后片的侧缝固定在一起。

155

步骤17A

取下前片上侧缝和臀部交点处的大头针，把多余的布料朝前中方向抚平。重新在侧缝和臀围线的交点处固定。

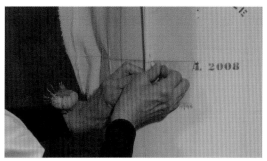

步骤17B

取下胸围标线与臀围线交点处的大头针，重新调整后再把其交点处的省道固定好。

步骤17C

在胸围标线和平衡线与臀围线的交点处分别用大头针固定。

模块9：
合体上衣衣身样板试身

步骤1

为了在衣片上添加合适的省道，需将前后片臀围线的固定针取下。

步骤2

然后在前中心与腰围线和臀围线的交点分别固定。

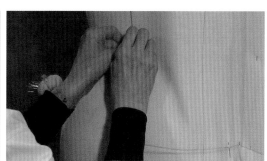

步骤3

抚平后片的布料，使腰部区域符合整体造型，然后固定住。

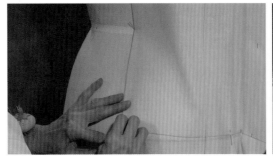

步骤4

重新固定后中心与臀围线的交点，会发现臀围线这条辅助线向上移动了。

步骤5A

在胸围线的导向线，捏起1.3cm的面料作为省量，省道直接穿过腰线，指向臀围线，把两层布料固定。

步骤5B

用手指向下捏出多余的布料，形成省道。

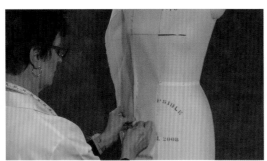

步骤5C

把省道从腰部往下固定到臀部，在省尖点也需要用大头针固定。一般前腰省道大约7.5~9cm长，还是要根据衣服的大小而定。

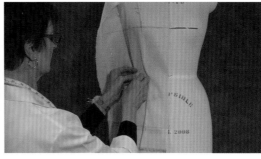

步骤6A

在前片的平衡线上捏1.3cm的量，形成第二个省道。

步骤6B

用手指向下捏出多余的布料，形成省道。

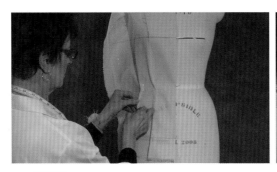

步骤6C

从腰部向下固定到省尖点，省长大约为7.5cm。

步骤6D

在省尖点固定，由于髋骨的存在，所以侧省较短。

步骤7

在后片上，以后片的平衡线为省中线，穿过腰线形成2cm宽的省道。

步骤8A

在后中心和平衡线的中点位置，确定第二个腰省，省量为2cm。

步骤8B

从腰部向下固定到省尖点，省尖点距离臀围线至少要有2.5cm。但有时会更短，这取决于服装的尺寸和臀部的丰满程度。然后固定省尖点。

步骤9

固定平衡线上省道的腰部以下，这条腰省比中间省要稍短1.3cm。在省尖点固定。

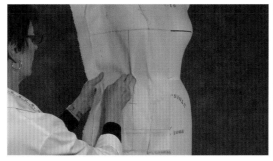

步骤10

在侧缝处，把前后片的腰线固定在一起。因为想要完成宽松的服装，所以在固定时不能收的太紧。

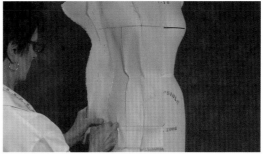

步骤11

继续把腰线到臀围线之间的侧缝固定在一起。

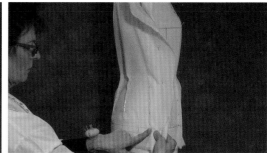

步骤12

检查并确保臀围线能够吻合。

模块10：
标记衣身轮廓线

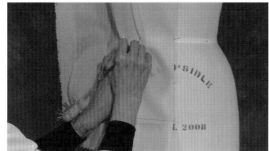

步骤1A

先在腰围线与胸围标线省道的交点做十字标记。

步骤1B

沿着胸围标线处的一条省边线描点，如果省道在臀围线上方结束，标出省尖点的位置。如果重新在臀围线上调整了省道，用铅笔重新标记。

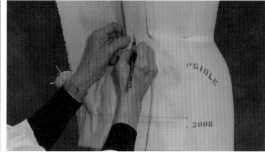

步骤2A

先在腰围线与平衡线省道的交点做十字标记。

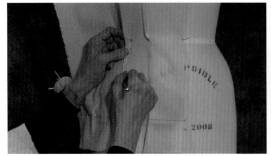

步骤2B

沿平衡线省道的省边线描点，一直到省尖点。

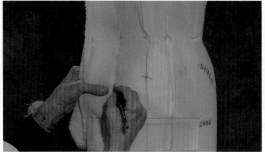

步骤3A

在腰线与侧缝的交点做十字标记，在腰线和臀围线之间的侧缝上描点。

步骤3B

在侧缝与臀围线交点处的两边都做十字记号。

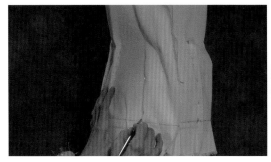

步骤3C

如果为保证平衡，调整了前后片的侧缝，应重新用铅笔做标记。

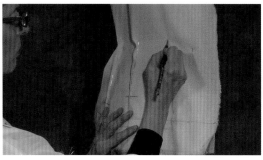

步骤4

在侧缝与腰线的交点做十字标记。

步骤5A

在后片平衡线所在省道的省边线与腰线的交点做十字标记。

步骤5B

沿后片平衡线省边线描点，到省尖点结束。

步骤5C

在另一省边线与腰线的交点处也做十字标记，并沿其省边线描点。

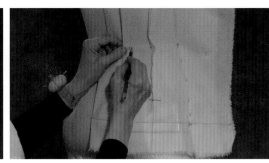

步骤6A

在后片中间省道与腰线的交点做十字标记。

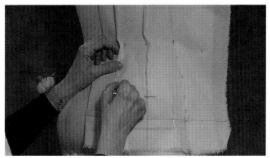

步骤6B

沿着一边的省边线画连续的点。

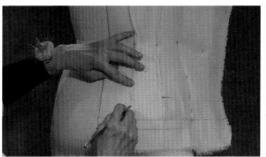

步骤6C

然后在另一省边线与腰线的交点处做十字标记，并沿省边线描连续的点。

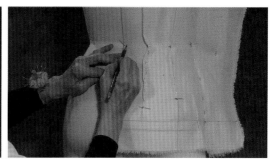

步骤7

在后中线与腰线的交点做短横线标记。

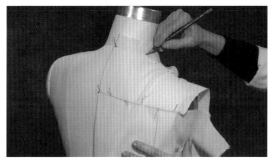

步骤8

开始标记领口区域，在后颈点做短横线标记，然后沿领口弧线描点。

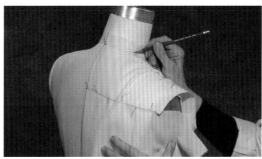

步骤9

在侧颈点做十字标记。

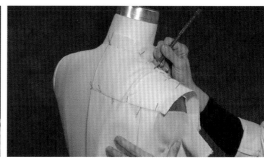

步骤10

沿肩线用连续的点标记。

步骤11

在肩省与肩线交点两侧都做十字标记。

步骤12

继续沿肩线描点，到肩点结束。

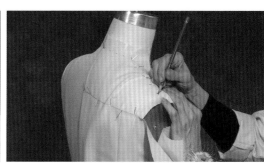

步骤13

在肩点处做十字标记。

步骤14

沿袖窿弧线的边缘描点，到背宽线所在高度处停止。

步骤15

在袖窿底点做十字标记。

步骤16

确保已经完成了所有的标记，保持着省道固定的状态，把裁片从人台上取下来。

模块11：
修正衣身样板

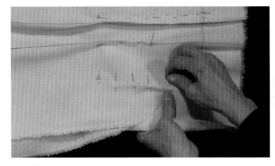

步骤1

裁片的正面朝上，首先把侧缝上的大头针重新固定，使其与省中线成直角。把针尖别好，这样面料才不会散开。

步骤2

用红色铅笔和直尺连接袖窿底点和腰线处的十字标记，这条线称为"紧身线"。

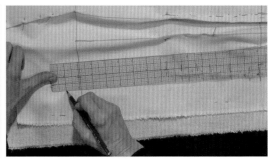

步骤3A

用尺子和铅笔把袖窿底点向下降低2.5cm。

小技巧：

很重要的是，需要在侧缝处把腰线与臀围线圆顺起来，避免在侧缝上产生一个很尖锐的角度。

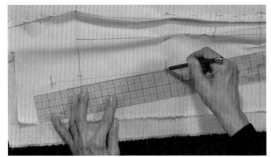

步骤3B

把下降后的袖窿底点与腰线和侧缝交点的十字标记再次连接，袖窿底点的下降为绱袖提供了空间与松量。

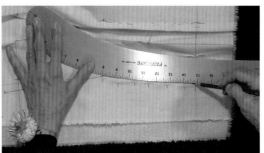

步骤4A

用大弯尺连接侧缝与臀围线的交点。

步骤4B

圆顺侧缝与腰线交点的位置，使上下两段融合在一起。

小技巧：

检查是否所有的标记都转移到了下面的布料，两层面料一旦分开，再想准确地固定在一起是很困难的。

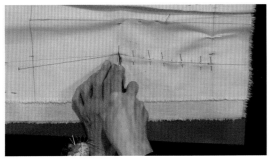

步骤5A

将描图纸正面朝上放在侧缝下面，准备用滚轮在背面描"紧身线"和降低且扩大后的侧缝。

步骤5B

描出侧缝上的紧身线和降低且扩大后的侧缝。

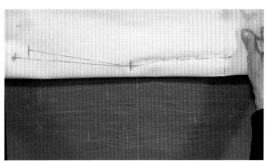

步骤5C

把布料翻过来，检查所有的描边是否清晰。

步骤6

在修正后的侧缝处添加2.5cm宽的缝边，然后剪掉多余的布料。

步骤7A

在侧缝处，沿腰线的方向打剪口。

步骤7B

把侧缝上的大头针都取下来，把前片和后片分开。

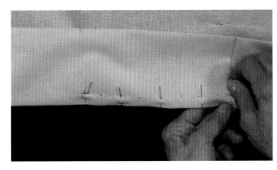

步骤8A

为了修正腰省，反转面料使标记和折叠的布料相对。然后小心地调整大头针，使其与省中线垂直，是重新调整大头针，而不是取下。

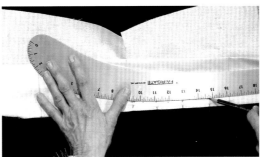

步骤8B

使用大弯尺连接从腰线到臀围线之间的一段省边线，然后把腰线和省尖点相连接。

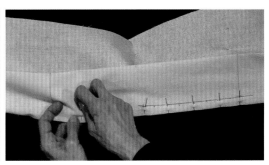

步骤8C

在胸围标线省道的上端放置固定针。

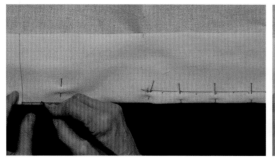

步骤8D

省道上端的省尖点距离BP点不应小于1.3cm，不过要根据胸部的丰满程度来决定，在这里距离BP点2.5cm。

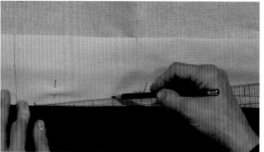

步骤8E

在省尖点处点一个圆点，然后用尺子把省尖点与腰围线垂直连接起来。

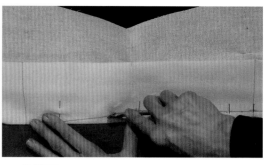

步骤8F

将描图纸正面朝上放置于胸围标线省道下，按照省尖点描点。

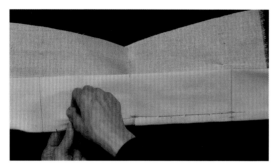

步骤8G

在腰部剪开省道，然后取下大头针。

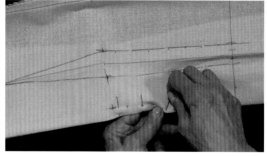

步骤9A

使平衡线省道标记相对，重新调整大头针使其与省中线垂直。

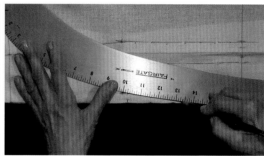

步骤9B

利用大弯尺圆顺平衡线省道上从腰线到臀围线和一段省边线。

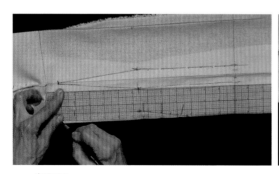

步骤9C

在省道上方用大头针固定，省中线与胸围线交点向下2.5cm标记为省尖点。

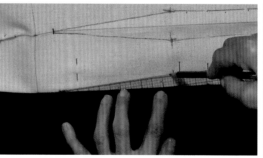

步骤9D

把省尖点与腰线上的省道标记连接。

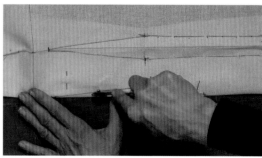

步骤9E

将描图纸正面朝上放置于平衡线省道下方，将省中线、腰部标记和省尖点描画在另一侧。

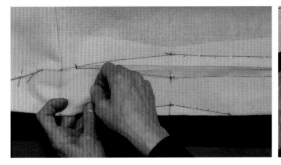

步骤9F

沿腰线给省道打剪口，然后取下大头针。

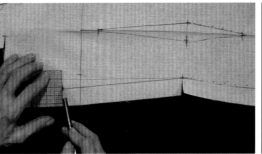

步骤10A

然后在腰线与侧缝的交点处修0.6cm长的直角。

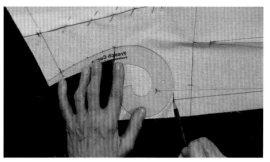

步骤10B

把曲线尺放在袖窿上，使其能够连接肩点、袖窿中点和降低后的袖窿底点。

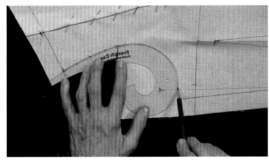

步骤10C

在侧缝与袖窿弧线交点处修直角。

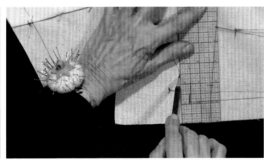

步骤10D

在袖窿上添加1.3cm宽的缝边。

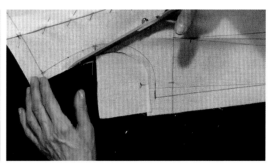

步骤10E

剪掉降低后的袖窿周围多余的布料。

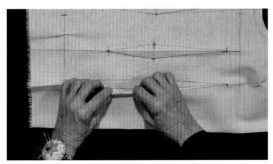

步骤11A

捏住胸围标线靠近前中的省边线上，从省尖点到臀围线的一段。

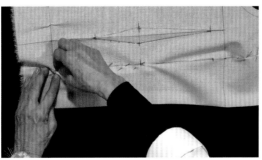

步骤11B

从腰线开始合并省道，背面多余的面料朝向前中方向。斜方向固定能够使裁片在人台上悬挂时表面是平整的。

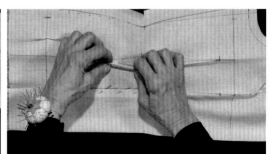

步骤12A

捏住平衡线靠近前中的省边线上，从省尖点到臀围线的一段。

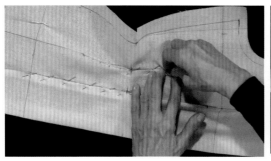

步骤12B

从腰线开始合并省道，背面多余的布料朝向前中方向。

步骤13A

解开后片上中间省道。

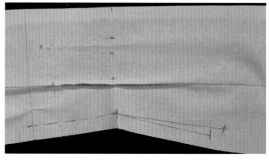

步骤13B

后片中间省道的省尖点将和下降后的袖窿底点在同一个水平高度。

小技巧：

在标记省中线或辅助线时，可以用一根削尖的铅笔沿着纱线的方向画线。

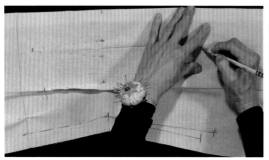

步骤13C

使用削尖的铅笔，沿着省中线，从腰线开始向上画直线，在停止的位置做标记。

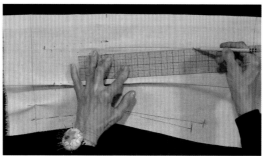

步骤13D

用直尺把省尖点与腰线上省边线的十字标记相连接。

步骤13E

从腰线继续向下画出省中线，到省尖点的位置停止。

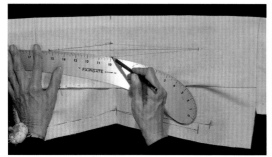

步骤13F

利用大弯尺圆顺两省尖点之间的省边线，为使两省边线能够完全对称，在圆顺另一侧省边线应使用尺子上相同的数字。然后像前片一样，把省道对折后用描图纸拓下来。

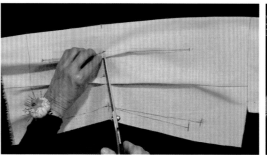

步骤13G

用剪刀沿腰线在省道上打剪口，以释放布料。

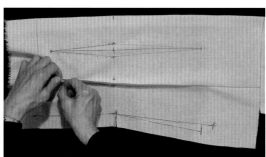

步骤14A

解开后片平衡线省道。

步骤14B

平衡线省道的省尖点和中间省道的省尖点在同一个水平线上，标记出省尖点的位置。

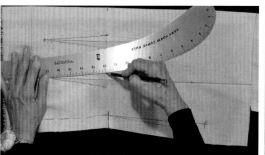

步骤14C

和中间省道的做法一样，用大弯尺圆顺两省边线，注意使用尺子上的同一位置，保证省边线的对称。

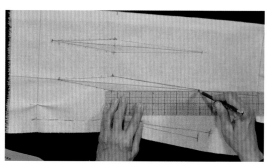

步骤14D

使用打版尺，连接省尖点和腰部省边线的十字标记。

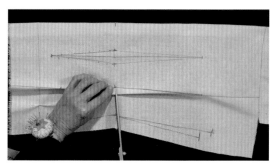

步骤14E

用剪刀沿腰线在省道上打剪口，以释放布料。

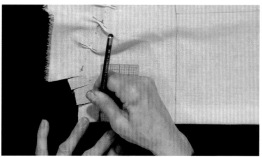

步骤15A

开始处理后领口，在后颈点处修直角。

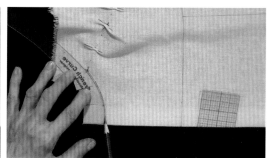

步骤15B

用曲线尺圆顺后领弧线。

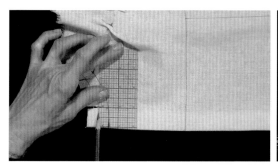

步骤15C

在后领弧线添加1.3cm宽的缝边。

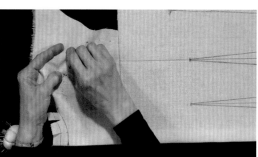

步骤16A

取下肩线上所有的大头针。

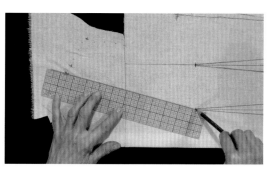

步骤16B

修正后肩省时，用直尺连接省道开口处靠近领口的十字标记与中间省道的省尖点。

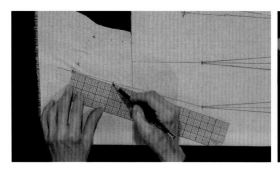

步骤16C

沿着这条线，从肩线开始向下量取7.5cm，并做标记，这表示后肩省的省尖点。

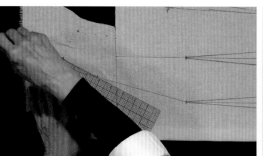

步骤16D

把省尖点和肩线上的另一标记连接，完成省道的绘制。

步骤16E

合并肩省，使背面省道的布料朝向后中方向。

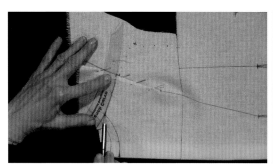

步骤17A

肩线的修正分为两步，第一步是用曲线尺调整从肩省到领口的一段。

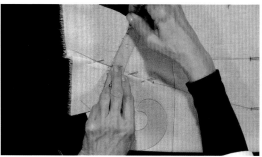

步骤17B

然后翻转曲线尺，修正从肩省到袖窿的一段。

步骤17C

在肩线上添加2.5cm宽的缝边。

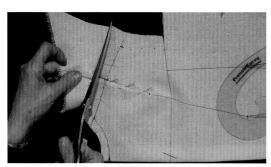

步骤18

剪掉领口和肩线处多余的布料。

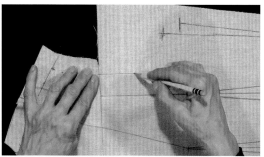

步骤19A

为了袖窿修正时的方便，从背宽线标记处向下画一条5cm长的辅助线，这条辅助线将会帮助修正袖窿弧线。

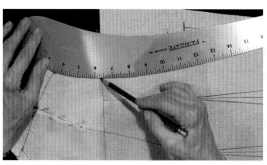

步骤19B

使用大弯尺圆顺背宽线上端的袖窿弧线。

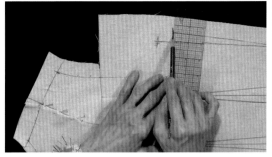

步骤19C

在圆顺袖窿弧线之前，用打版尺在袖窿底点修0.6cm长的直角。

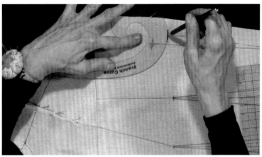

步骤19D

使用曲线尺圆顺下半段袖窿弧线，使其经过降低后的袖窿底点和辅助线的端点。

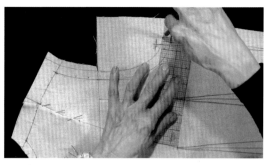

步骤19E

在袖窿弧线上增加1.3cm宽的缝边。

步骤19F

剪掉袖窿处多余的布料。

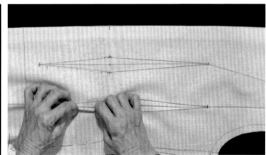

步骤20A

用手指捏住平衡线省道上靠近侧缝的省边线。

步骤20B

斜向固定从腰部到省尖点的省道，使省道朝向后中。

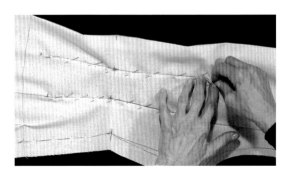

步骤21

然后同样的方法固定中间省道，多余的布料朝向后中。

2015年澳大利亚梅赛德斯-奔驰时装周上，埃琳·霍兰德穿了一件紧身连衣裙

步骤1A

沿后片的净缝线，把缝边折进去。

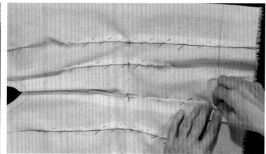

步骤1B

把后片放在前片上方，在袖窿、腰线和臀围线处对齐，然后用大头针斜向固定。

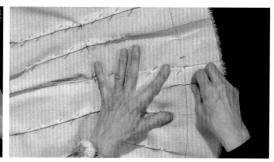

步骤2

取下臀部松量上的固定针。

169

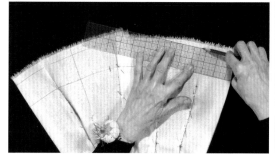

步骤3A

用打版尺沿臀围线添加5cm宽的缝边。

步骤3B

剪掉臀部区域多余的布料。

步骤3C

把缝边折进去，用大头针把一圈都固定住。

小技巧:

由于背部形状是圆润的，所以后肩线需要松量来塑型。因此，在把后片和前片固定在一起时，必须沿着肩线捏住公主线两边的松量。

步骤4A

用手指捏住后片肩线的净缝线。

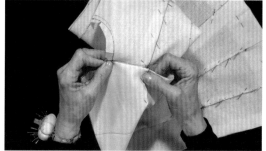

步骤4B

用大头针斜向把后片固定在前片上，在肩省和领口处对齐。

步骤4C

在固定肩省到领口的一段肩线时，把松量分散进去。

步骤4D
把肩点对齐。

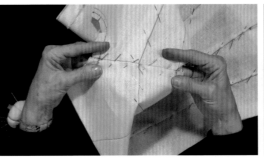

步骤4E
在固定肩省到袖窿的一段肩线时，把松量分散进去。

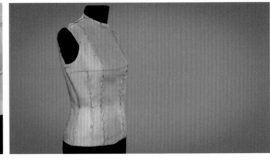

步骤4F
把衣片重新固定在人台上，检查合体性。现在完成了上衣衣身样板的制作。

自我检查

☐ 测量结果的准确；

☐ 在人台的胸部和臀部贴的标记带，使它们平行于地面；

☐ 前片和后片的接缝平衡；

☐ 是否在人台上腰部确切位置标记了腰部侧缝线和腰省；

☐ 腰线上关于松量的分配在前片和后片上相等。

直筒袖样板

学习目标

☐ 画出袖子的板并且测量尺寸，和衣身纸样对接；

☐ 完成袖子的袖山弧线并打剪口。

材料：
• 白色无图案的打版纸（71cm×41cm）一张。

直袖测量图

尺寸表	4 (8)	6 (10)	8 (12)	10 (14)	12 (16)	14 (18)	16 (20)
袖山高	(15.2cm)	15.6cm	15.9cm	16cm	16.5cm	16.8cm	17cm
袖肥	27.9cm	29.2cm	30.5cm	31.7cm	33cm	34.3cm	35.6cm
袖肘宽	23.5cm	24.8cm	26cm	27.3cm	28.6cm	29.9cm	31cm
袖底长	40.6cm	41.3cm	41.9cm	41.6cm	43.2cm	43.8cm	44.5cm
袖口宽	18.4cm	19cm	19.7cm	20.3cm	21cm	21.6cm	22.2cm

步骤1

在直筒袖的尺寸测量表中，找出适合你的尺寸。

步骤2

这节课需要一张71cm×41cm的白色无图案纸，纵向对折，对折面朝你，这就是中线。

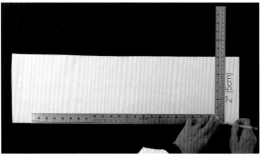

步骤3

在距离右侧边缘5cm处画一条与中线垂直的直线，这表示袖子的袖山线。

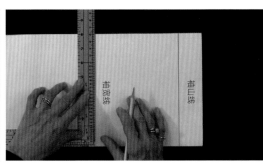

步骤4

根据尺寸表，向左量取袖山高的长度描点，然后画一条垂线，这表示袖宽线。

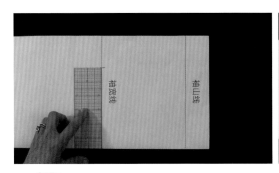

步骤5

沿着袖宽线，从中线向上找到袖宽线的中点，并做标记。

步骤6

为确定肘线的位置，把袖长的长度一分为二后减去3.8cm，从袖宽线开始向下测量，做标记。

步骤7

垂直中线画垂线表示肘线。

步骤8

沿肘线从中线向上测量，把肘线一分为二，并在中点做标记。

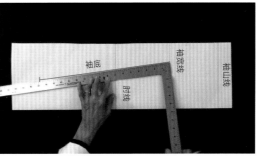

步骤9

根据对面上页的尺寸表上的袖底长尺寸，从袖宽线开始向下量取，经过肘线后在止点做标记，这就是袖底线。

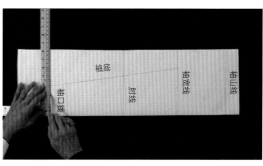

步骤10

经过此标记向下做中线的垂线，这就是手腕线（袖口线）。

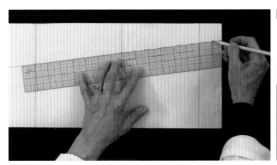

步骤11

为了完成袖山线的造型，把袖底线从袖宽线延长到袖山线上，然后超过袖山线到纸的边缘。

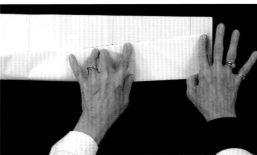

步骤12

把袖山线的长度一分为二，从袖宽线开始，把纸张对折，用手指按出折痕。

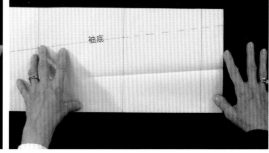

步骤13A

将袖子向中间折起，使之与内缝线重合，并折出折痕，然后把纸展开。

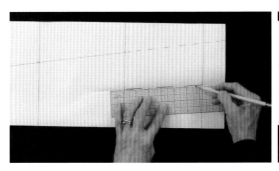

步骤13B

沿着折痕画出折线。

步骤14

将袖山线向下折叠，使之与袖宽线重合，用手指按出折痕。

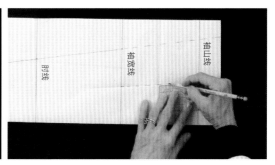

步骤15

在两条折痕线的交点，向袖山线方向往上量2cm，并做标记。

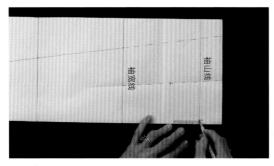

步骤16A
从中线开始沿袖山线向上测量0.6cm。

步骤16B
在袖宽线上做两个标记，第一个：袖底线和袖宽线交点向下0.6cm。第二个是交点向下2.5cm。

模块2：

绘制袖山弧线

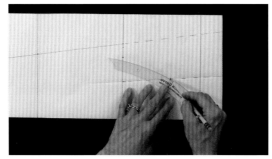

步骤1A
画袖山线时，经过步骤16A中所作的0.6cm的袖山标记和步骤16B中的袖底线上2.5cm的标记，放置曲线尺。

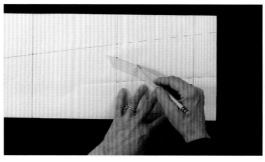

步骤1B
与第173页第15步所做的2cm标记相交，形成袖山弧线。

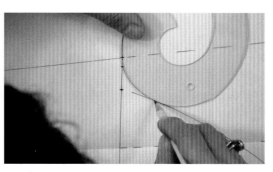

步骤2
把曲线尺翻转过来，画出腋下部分的袖山弧线，与袖宽线上0.6cm处标记相交，圆顺成一条优美光滑的曲线。

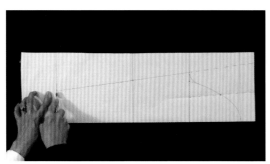

步骤3
最后一步是使用滚轮把袖宽线、肘线和袖口线传递到下面。

步骤4
剪下袖子的板图。

一个基本款直袖裙腰部和袖子上的设计使其前卫感十足，出自米沙发布会，2016年9月

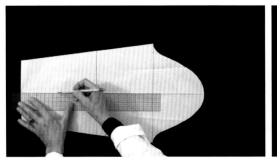

步骤1
展开袖子，用打版尺画出袖宽线、袖中线和肘线。

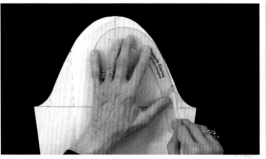

步骤2
为了添加剪口，找到右半边袖山线的中点，向腋下方向下移0.6cm，做标记。重新圆顺前袖窿弧线。

步骤3
用红铅笔标记将被剪掉的区域。

176

小技巧:
在画出袖子的纸样后，使用剪口与衣片相匹配，就要把剪口转移到前片和后片上。

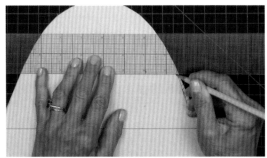

步骤4
从右边的标记往下量1.3cm，然后划上短横线。这就是前袖窿上的一个剪口。

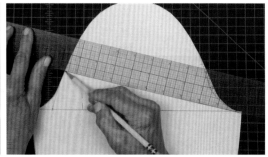

步骤5
在后袖上标记两个切口——一个与前切口在同一水平线上，另一个略低1.3cm。

步骤6
现在在袖子的前后袖窿上打上剪口。

步骤7A
最后一步，剪掉袖窿弧线上多余的部分。

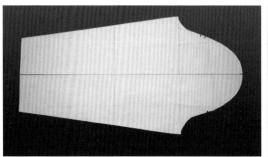

步骤7B
现在完成了直筒袖的样板。

自我检查

☐ 袖山线是平滑的曲线；

☐ 前袖窿的腋下部分挖出来了；

☐ 前袖和后袖的剪口位置是否正确？

☐ 标出袖子的中心线；

☐ 袖宽线和肘线转移到前面的袖子上了。

大头针假缝袖子

学习内容

☐ 用白坯布做直筒袖；

☐ 用大头针固定袖子的袖底线和袖口；

☐ 袖山弧线的吃缝；

☐ 把袖子与衣片缝在一起，把袖子对齐，让它垂下来；

☐ 为了演示效果，把大头针掩藏。

材料：

• 基础衣身样板和直筒袖样板（2.6节P171的直筒袖）。

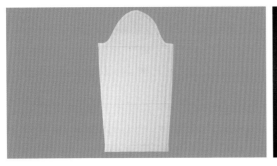

步骤1A

在这节内容中，需要用1m中等重量的白坯布裁出一片直筒袖。

步骤1B

还需要能够匹配袖子的衣身衣片，在这里使用的是第49页中的紧身衣身衣片。但是袖山弧线的长度比袖窿弧线不应大于2.5cm。

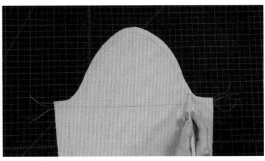

步骤2A

准备缝袖子的右侧袖山弧线时，用较粗的棉线穿过机针，针距调整为0.28～0.32cm。

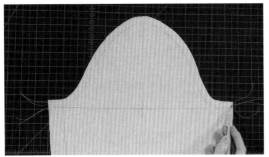

步骤2B

在袖子的反面，沿着袖山弧线的形状，从袖子的右边缝到左边，然后再缝一行。

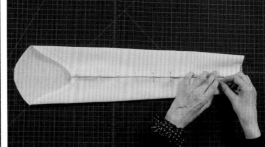

步骤3

为了缝腋下缝(也叫袖内缝)更容易，将46cm长的透明打版尺放在袖内缝的下面，然后用大头针沿缝线成直角固定。

步骤4

现在把袖子的下摆折进去，应与袖底线成直角。

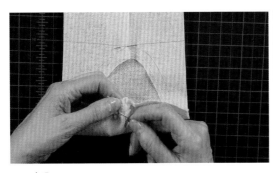

步骤5A

开始拉紧右侧到袖山顶点的缝线，使面料抽褶。首先拉第一行缝线，然后再拉第二行。

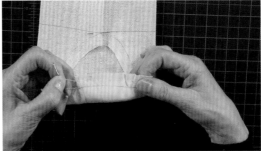

步骤5B

轻轻拉紧缝线，让面料产生褶皱。用指甲沿着线滑动布料，小心别拉得太紧，否则线会断。

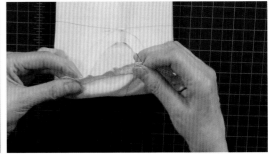

步骤5C

继续抽褶过程，首先处理右侧的袖山线，然后再处理另一侧。

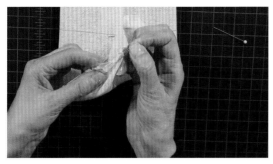

步骤5D

开始拉线的过程中，如果已经在袖山顶点拉了足够的
线，则取下大头针，继续用手小心地拉线。

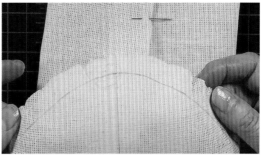

步骤5E

这里的目标是使面料的皱褶均匀地分布在袖山的两
边。不要超过前面和后面的剪口。在步骤2A中，我们将机
器的针距设置为0.28～0.32cm。

步骤5F

把袖山线均匀地收缩在袖子的两边，并测量衣片的袖
窿周长，现在就为下一步做好了准备。

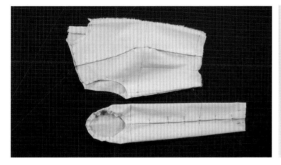

步骤5G

测量袖子袖窿的周长，并将它与衣片袖窿的周长进
行比较。如果不相等，需要在袖山线上增加或减少一些褶
皱，为把袖子缝到衣身上做准备。

小技巧：

增加或者减少缩缝时的针距取决于面料的
厚度。

- 面料越薄，针距越小；
- 面料越厚，针距越大。

模块2：

固定腋下

步骤1

下一步准备把袖子的腋下缝和衣身固定。

步骤2A

用大头针把腋下缝固定在一起，使大头针与缝线平
行。

步骤2B

继续用平行针向上固定到前袖窿的剪口处。

小技巧：

绱袖的位置和悬垂的造型是专业服装制作的标志之一。如果想得到一个干净的白坯布样衣外观，也可以把绱袖的技巧用在服装的其他部位，比如接缝、领子和袖口。

步骤2C
然后和前袖窿一样固定，把后袖窿固定到剪口处。

模块3：
固定袖山线

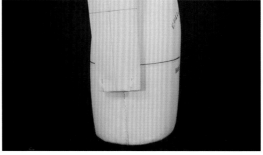

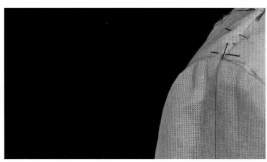

步骤1
把带有袖子的衣片重新用大头针固定回人台上，在关键位置进行固定：前领口、前中心线、前腰线、后中心线和从领口到腰部的区域。

步骤2
把袖底缝与衣片的侧缝对齐，袖中线也应与侧缝对齐。如果袖中线没有居中，可向前或者向后进行调整，直至能与侧缝对齐为止。袖子的位置确定好之后，把袖窿底点固定到人台上。如果袖中线的位置发生了移动，重新调整袖山线，使其与肩线对齐。

步骤3
用大头针把袖山顶点和袖窿固定在一起，如图所示。如果袖子起翘太高，可以将袖山的大头针取下，把袖山的缝线向外移动，这样袖子就可以很好地垂下来。重新固定和标记袖山的位置，然后重新圆顺袖山弧线。

小技巧：

假缝可以看出袖子的造型，经常用来做调整或者做演示。

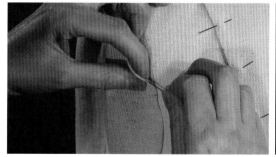

步骤4A

下一步是把袖子的前袖窿部分固定在一起，将针尖插入袖缝的折痕处约0.3cm处。

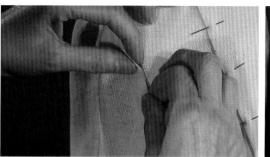

步骤4B

然后把大头针沿着缝线插进衣片上的袖窿里。

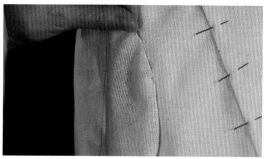

步骤4C

用拇指向上推大头针，然后将大头针尖端滑回袖子的折痕处，再插进袖窿，直到大头针隐藏起来。

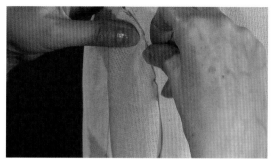

步骤4D

在固定中重复使用这个技巧。使每根大头针尽可能的距离比较近，只有针尖才能被看见。可能需要多次重新插入大头针来达到隐藏它们的效果，但是一旦掌握了这个技巧，这个过程会快得多。

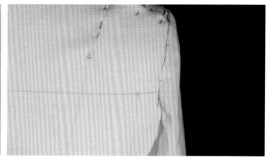

步骤4E

继续用针向后固定袖子，如果你想呈现服装整洁的外观，隐藏针可以用在衣服的任何地方。

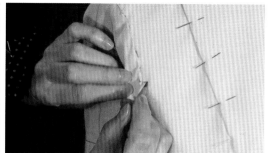

步骤5A

将袖子固定好之后，把前面袖子的剪口标记在衣身上对应的位置。

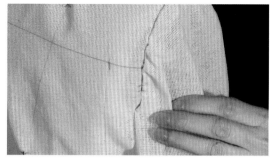

步骤5B

重复上个步骤，把后片袖子上的剪口标记也在后片衣身上标注。

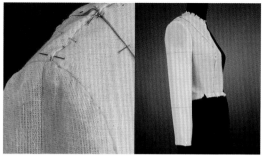

步骤6

现在完成了袖子的假缝。

自我检查

☐ 正确使用了线和针距；

☐ 缝了两排抽褶线；

☐ 袖山上的褶皱均匀地分布在剪口之间；

☐ 是否隐藏了大头针？

☐ 袖中线与人台上的侧缝是否对齐？

第3章

省道

在完成了第二章的紧身衣的制作之后，就可以学习特殊省道的制作技巧了。可以创造一件独一无二的、富有设计感的法式省紧身衣。

法式省比普通的省道更严谨，由于它所在的位置和塑造身体造型的位置，在这节内容中，将会学习省道正确安排的位置以及标记和修正它。

对于无袖的衣服，袖窿省可以使前袖窿更加合体，并且能够防止不美观的褶皱出现。也可以通过省道处理，使衣身具有较好的合体性。同时也可以通过立裁做一个船型领。

法式省可以使上衣身或连衣裙更加修身，出自阿迈勒婚礼服系列，2015年春季

法式省的紧身衣身

学习目标

☐ 准备人台和白坯布：在人台上添加辅助线，测量尺寸和在面料上做辅助线；

☐ 把肩部和腰部多余的面料移向侧缝处的斜省上，制作法式省；

☐ 修正的过程：圆顺弧线，使省道两边对称；修正侧缝，并且添加缝边。

布料：
• 棉布，长1m。

模块1:
准备人台和白坯布

小技巧:

布料块在纬向上增加3.8cm，在长度方向上的尺寸大于美国的6号尺码（英国的10号）人台。

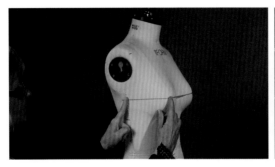

步骤1

在课程开始前，在胸围线上贴上标记带，从左侧的BP点到右侧的BP点，然后到侧缝。

步骤2

美国尺码为6号(英国尺码为10号)的人台，需要先准备一块36cm宽，53cm长的细棉布。先把布边剪掉，剪开切口，并沿着它撕开，这样布料的边在一条直线上。

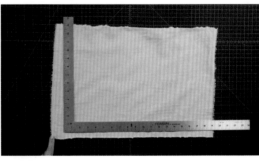

步骤3A

将前片平铺在桌子上，用L形角尺检查布边是否彼此成直角。

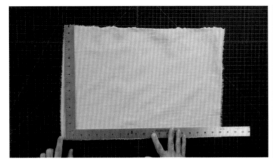

步骤3B

在这张照片中，当尺子的长度边与布料的长边对齐时，布料的宽边与尺子的另一边不一致。因此，需要调整布料。

步骤3C

取下L形角尺，轻轻拉一下较短的、需要调整的布料角。

步骤3D

拽过布料的角之后，重新用L形角尺检查面料布边是否彼此成直角。

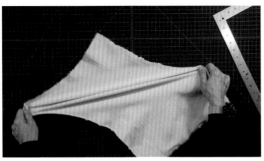

步骤3E

如果依旧不能和L形直角尺的边重合，重复上一步骤。

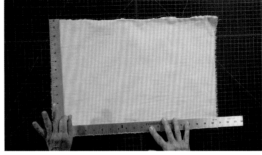

步骤3F

不止一次的用L形角尺检查，确保布料的布边彼此成直角。

步骤3G

另一种检查布边是否对齐的方法是，将布料对折，看边角是否对齐。经过这种做法，在面料的布边确认相互垂直后，就为下一步做好了准备。

步骤4A

现在熨烫白坯布，首先用干热的熨斗熨烫，熨斗始终按织物纹理的方向移动，以避免拉伸布料。千万不要斜着熨烫，因为这样会使布料拉长。

步骤4B

使用L形角尺检查布料在熨烫过程中是否被拉伸。如果它们被拉伸了，那么就需要重复调整这个过程。

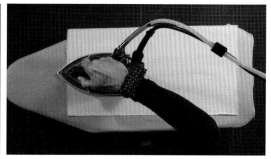

步骤4C

确定前片面料的边是相互垂直的，然后就可以加蒸汽熨烫布料，使布料预缩。

步骤5A

现在布料的边角确定垂直，而且经过熨烫，就可以准备画辅助线。

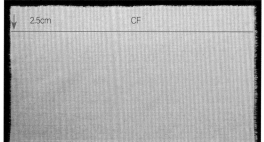

步骤5B

距离右侧经向布边2.5cm（在图片中表示在上方），然后向下画一条直线，这条线表示前中线。

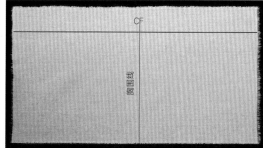

步骤5C

找到前中线的中点，然后与之垂直画一条直线，表示胸围线。

步骤5D

测量人台上BP点到前中线的水平距离。

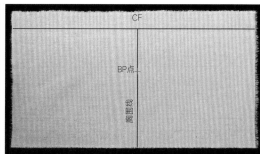

步骤5E

沿着胸围线，从前中线向下量取从BP点到前中线的距离，做标记，该点表示BP点。

步骤1

先将面料上的BP点与人台上的BP点对应并固定，然后沿着前中线把布料固定在人台上，但要确保在胸部保留有松量（不要在两BP点之间固定）。

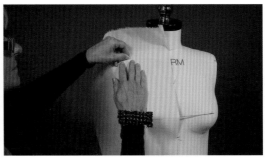

步骤2

抚平胸部区域的布料，并用大头针固定。

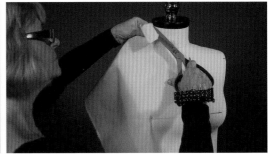

步骤3A

从前颈点开始剪下一块2.5cm宽的正方形，一直到侧颈点。

步骤3B

然后在领口打剪口以释放领口区域的布料，大致看一下人台上领口弧线的位置，注意不要剪到领口弧线。

步骤3C

抚平领口的面料，在侧颈点用大头针固定。

步骤4

在肩点固定。

小技巧:

当为了释放臀部的布料打剪口时，在距离腰线以下0.3cm处停止。

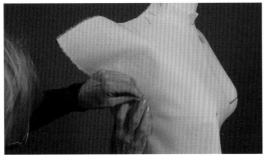

步骤5

向侧缝方向抚平袖窿处的布料，在袖窿底点固定。

步骤6

省道的开口将设置在侧缝上、胸围线以下7.5cm处，或者可以选择在更偏下的地方。

步骤7A

现在转到人台的前面，把胸部以下的面料向腰部抚平，沿公主线向上打剪口释放面料，观察布料，注意不要剪到腰线以上。

步骤7B

在公主线与腰围线的交点固定。

步骤8A

把布料向侧缝方向抚平，形成省道的面料。再次在腰围线上打剪口，以释放臀部区域的面料。

步骤8B

在剪口所在的直线上捏起一点松量，并用大头针固定。

步骤8C

在侧缝和腰围线的交点固定。

步骤9A

在侧缝确定省道的位置，用手指捏起省道布料。

步骤9B

在侧缝线上，把两层省道布料固定在一起。

模块3：

标记轮廓钱

步骤1A

用手指沿人台上领口弧线的形状，划出领口弧线的线条，用铅笔在前颈点做短横线标记。

步骤1B

用连续的点标记领口弧线，到侧颈点结束。

步骤1C

把肩部的布料向前折过去，确保侧颈点处十字标记位置的正确。

步骤2

确定了侧颈点的位置后，用铅笔在侧颈点做十字标记。

步骤3

沿着袖窿的边缘，在肩点到袖窿底点之间描点。

步骤4A

在袖窿底点做十字标记。

步骤4B

在省边线与侧缝的交点做十字标记，先标记上方，后标记下方。

步骤4C

在侧缝与腰围线的交点做十字标记。

步骤5

沿着腰围线标记连续的点，在前中线与腰围线的交点做短横线标记。

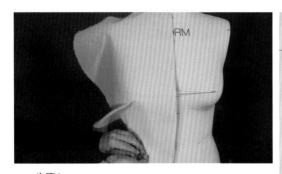

步骤6

确保已经把所有的关键点进行标记后，在保持省道还在固定的状态下，将衣片从人台上取下来。

自我检查

☐ 省道设置在侧缝与腰围线交点的上方；

☐ 正确地固定了省边线并正确标记了省尖点；

☐ 在省道上增加了缝边并剪掉了多余的面料以减少布料的堆积。

步骤1A
把衣片放在桌子上，并且使省道向上。

步骤1B
重新固定大头针，使针与省中线的方向垂直。

步骤1C
用大弯尺修正从省尖点到侧缝的省边线。

小技巧:
省尖点的位置取决于胸部的尺寸以及丰满程度、省长和与BP点的距离。

步骤1D
将一长条形的描图纸正面朝上放到省道下面，然后使用滚轮从侧缝标记起描到省尖点。

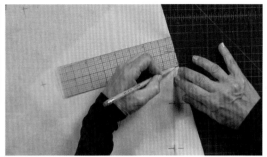

步骤1E
省尖点的位置不会直接设置在BP点上，必须移动其位置，在距离BP点2.5cm确定省尖点的位置，做标记。

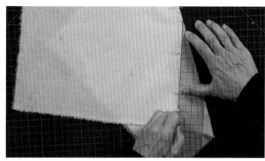

步骤2A
用尺子连接新的省尖点标记到侧缝的省道标记。为了表示清楚，用红铅笔。

步骤2B
用描图纸和滚轮把新的省尖点标记传递到另一侧。

步骤2C
另外仍然需要把原来的省尖点标记也传递到另一侧，防止在最后的试衣过程中需要调整省道。

步骤3A
在侧缝与省边线的交点做十字标记。

步骤3B

转到省道的另一面，检查左右的线条与标记是否清楚地转移。

步骤4A

在省边线上添加1.3cm宽的缝边。

步骤4B

都调整好之后，就可以将多余的省道布料剪掉，在这里是添加了1.3cm宽的缝边量。

步骤4C

像图中一样，剪掉多余的布料。

步骤5A

取下省道上的大头针，铺平。用手捏住靠近腰线的一侧省边线，使多余的省道布料朝向腰部，合并省道。

步骤5B

为了防止省道被拉长，必须先固定省尖点的位置，然后在侧缝处合上省道，然后继续用针将省边线进行固定。

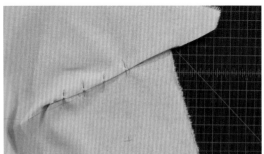

步骤6A

现在修正侧缝。

步骤6B

在侧缝处留下2.5cm的缝边量，把多余的布料剪掉。只要是确定了衣服的造型线，就可以根据第49页中紧身衣的内容，完成剩下的工作。

步骤7

现在就完成了法式省道的服装制作。

船型领和袖窿省与A廓型完美结合，巴伦夏加尔，2015春季

袖窿省的船型领衣身

学习目标

☐ 在人台上做领子的造型线，船型领或者V字领；

☐ 测量人台尺寸并准备白坯布；

☐ 做袖窿省：把肩部和腰部多余的面料抚平，形成袖窿省；

☐ 修正的过程：圆顺曲线，使省道两边对称，修正袖窿，然后添加缝边。

布料：

· 棉布，长1m。

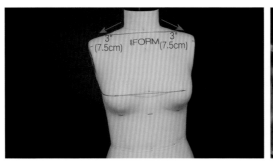

步骤1A
首先，在距离侧颈点7.5cm的两边贴上领口的造型线。

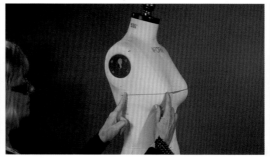

步骤1B
在胸围线上贴上标记带，从左侧BP点到右侧BP点，然后到侧缝。

步骤1C
确保在两BP点之间是放松的。

小技巧：
用撕布的方式代替剪布，这样做能够确保布边在同一根纱线上，检查布边相互垂直的过程更容易。

步骤2
美国尺码为6号（英国尺码为10号）的人台，需要准备一块36cm宽、53cm长的布料。应该先把布边去掉，剪一个剪口并撕破布料准备前片，这样的布边在同一根纱线上。

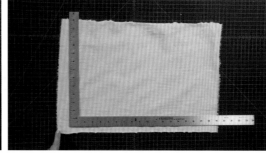

步骤3A
把布料平放在桌子上，用L形角尺检查布料的布边是否相互垂直。

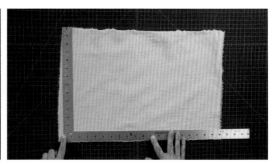

步骤3B
在这张照片中，当尺子的长度方向与布料的长边对齐时，布料的宽边与尺子的边不一致。因此，布料需要加以调整。

步骤3C
取下L形角尺，轻轻拉一下较短且需要调整的布料角。

步骤3D
拽过布料的角之后，重新用L形角尺检查布料布边是否彼此成直角。

步骤3E
如果依旧不能和L形角尺的边重合，需重复上一步骤。

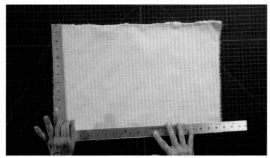

步骤3F

再次用L形角尺检查，确保布料的布边彼此是直角。

步骤3G

另一种检查布边是否对齐的方法是，将布料对折，看边角是否对齐。经过这种做法后，面料的布边确保相互垂直后，就为下一步做好了准备。

步骤4A

现在熨烫布料，首先用干热的熨斗熨烫，熨斗始终按织物纹理的方向移动，以避免拉伸面料。千万不要斜着熨烫，因为这样会使布料拉长。

小技巧：

可以使用第二章紧身衣课程完成的后片，只需要将领口重新修改，与前领口的船型领造型相匹配。

步骤4B

使用L形角尺检查布料在熨烫过程中是否被拉伸。如果它们被拉伸了，那么就需要重新调整。

步骤4C

确定前片的边角是相互垂直的后，就可以加蒸汽熨烫。

步骤5A

现在布料的边角确定垂直，而且经过熨烫，可以准备画辅助线。

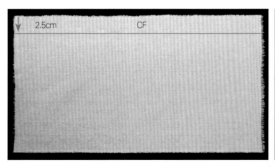

步骤5B

距离右侧经向布边2.5cm，向下画一条直线，这条线表示前中线。

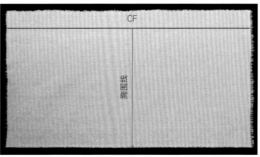

步骤5C

找到前中线的中点，然后与之垂直画一条直线，表示胸围线。

步骤5D

测量人台上BP点到前中线的水平距离。

193

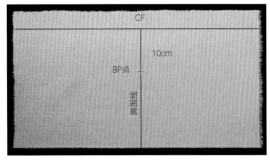

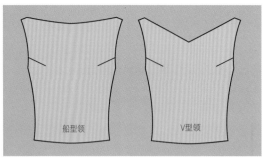

步骤5E

沿着胸围线，从前中线向下量取从BP点到前中线的距离，做标记，该点表示BP点。

将船型领转换成V字领是很容易的，如下图所示。

模块2：
立裁袖窿省衣身

步骤1

先将面料上的BP点与人台上的BP点对应并固定，然后沿着前中心线把布料固定。但要确保在胸部保留有松量（不要在两BP点之间固定）。

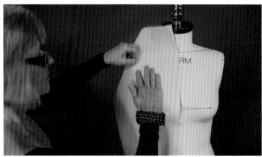

步骤2

抚平胸部区域的布料，并用大头针固定。

步骤3A

从前颈点开始剪下一块2.5cm宽的正方形，注意不要剪到领口弧线。

步骤3B

抚平领口的布料，在侧颈点用大头针固定。

步骤3C

在肩点固定。

步骤4A

抚平胸部以下的布料，为了释放臀部的布料，沿公主线剪开，观察布料，剪口不要超过腰围线，要在距离公主线与腰围线交点0.3cm处停止。

步骤4B

在公主线与腰围线的交点处用大头针固定。

步骤4C

把面料向侧缝方向抚平，为了释放臀部的布料，在腰围处再剪开三次，每个剪口间隔大约2.5cm。

步骤4D

在公主线和侧缝之间，用手捏起一点松量，用大头针固定。

步骤4E

在侧缝与腰围线的交点处固定。

步骤5A

把多余的面料抚平到侧缝处、胸部以下，用大头针固定。

步骤5B

在袖窿底点用大头针固定。

步骤6A

把多余的面料用手捏起来，形成袖窿省。

步骤6B

在袖窿上，把两层布料固定在一起。

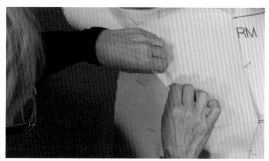

步骤6C

轻轻地把省道折向BP点。

步骤6D

在袖窿和省尖点之间的中点将省道固定在一起。

步骤6E

如果发现省道的省尖点没有指向BP点，那么解开省道，重新用大头针固定，使其指向BP点的方向。

模块3：
标记轮廓线

步骤1

在领口的前中线处做短横线标记，继续用一系列的点标记领口，直到侧颈点处。

步骤2

在侧颈点和肩点做十字标记。

步骤3A

沿着袖窿边缘描点，在袖窿与上面的省边线交点处做十字标记。

步骤3B

在下面的交点处做短横线标记。

步骤4A

在袖窿底点做十字标记。

步骤4B

然后在侧缝与腰线的交点做十字标记。

步骤5

沿着腰线做连续的点，在前中线与腰线的交点做短横线标记。

步骤6

在确保已经把所有的关键点进行标记后，保持省道还在固定的状态，将面料从人台上取下来。

模块4：
修正样板

步骤1A

把衣片放在桌子上，并且使省道向上。

步骤1B

在省边线与袖窿的交点、省道的中点以及顶点做标记。

步骤1C

重新固定大头针，使针与省中线的方向垂直。

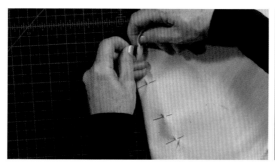

步骤1D

继续沿省道重新固定大头针，直到BP点，使它们垂直于省道线。

步骤1E

用大弯尺修正从省尖点到侧袖窿的省边线。

步骤2A

省尖点的位置不会直接在BP点上，必须根据胸围的丰满程度移动袖窿省道的省尖点。用红铅笔在距离BP点2.5cm处标出省尖点的位置。

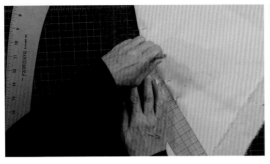

步骤2B

用尺子和红色铅笔把新省尖点标记和袖窿上的省道标记连接起来。

步骤2C

在袖窿省道下面放一长条形的描图纸，然后用滚轮描省道，拓下省道的新旧省尖点。

步骤2D

拓下省道开口处的十字标记。

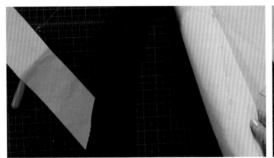

步骤2E

将省道转到另一边，检查是否已经捕获了所有的标记。

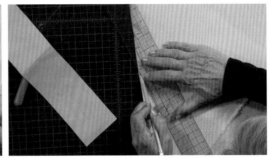

步骤2F

在省道上添加1.3cm宽的缝边量。

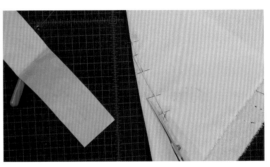

步骤2G

像图中一样，剪掉多余的布料。

小技巧：

在缝制这个省道时，可以将省道剪开并压平，以避免在袖窿处产生过多布料堆积。

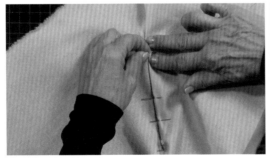

步骤2H

取下省道上的大头针，用手指按住省道上面的一条省边线，用针将省道固定住，使多余的布料朝上。

步骤3A

用曲线尺圆顺从袖窿底点到肩点之间的袖窿弧线。

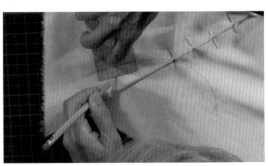

步骤3B

接下来，在袖窿上增加1.3cm的缝份，尽管在行业中缝份可能会有所不同，这取决于公司和服装是否有袖。

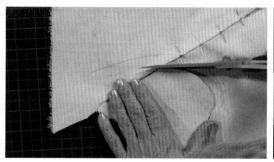

步骤3C

剪掉袖窿处多余的布料。

步骤4

只要决定了后片的造型线，现在就可以调整领口，根据第49页紧身衣的课程，完成剩下的内容。

步骤5

现在就完成了一件带有袖窿省的船型领的服装制作。

自我检查

☐ 将船型领造型的标记带贴在前颈点下方至少0.6cm处；

☐ 将袖窿省道设置在袖窿金属片上的螺丝高度以下，并且省尖点指向BP点方向；

☐ 剪了多余的省道布料并把它按正确的方向固定住。

第4章

半身裙

学习裙装立裁的第一步是学习直筒裙立裁，本节内容将展示：立裁前，如何熨烫定型白坯布、如何使样衣平衡。还会探究腰部省道与臀部的关系。直筒裙立裁是裙装立裁的基础。

立裁一条直纹的喇叭裙会教会一种新的技巧"打剪口和悬垂"。需要选择裙褶的数量、每个裙褶的宽度以及它们在身体上的位置。设计出可用多种面料制作美观且具动感的喇叭裙。

最后，将会立裁一条带腰带的褶裙，这里会分享如何平衡裙摆布纹方向，打造更好的褶裥，让裙子完美悬垂。还将学习如何设计腰带。这款经典裙子的立裁快速简单，且可用于多种裙装。

安格莎·露易兹·普拉达的直筒裙，2015/2016秋冬

直筒裙

学习内容

☐ 准备女装人台和白坯布，在人台上标记参考线，测量
人台尺寸，画裙片的辅助线；

☐ 在侧缝处连接前后裙片，并用手指按压接缝处和折叠
线；

☐ 立裁裙子:对齐参考线，平衡侧缝，添加松量，并正
确标记轮廓线；

☐ 确定前后腰围省道的位置和长度，将它们缝合；

☐ 修正样板并增加贴边。

布料:
• 白坯布（中等重量的白棉布），长1m。

模块1:
准备女装人台和白坯布

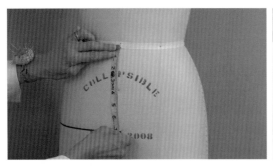

步骤1

在女装人台上，从腰围线的前中点向下量取18cm为臀围线，并将黏接带一直粘贴到后面，确保臀围线与地板平齐。

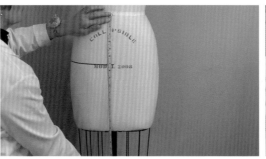

步骤2

从腰部向下量取裙子长度，确定前后白坯布片的长度，增加10cm，并将测量值记录在直筒裙测量表上。

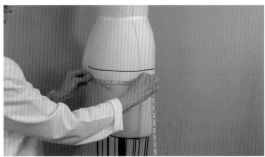

步骤3

为了确定前片的宽度，需要找到人台臀部最宽的部分，可能在臀围线或者稍低一点的位置，增加7.5cm，并记录测量值。后片宽度也同样确定。

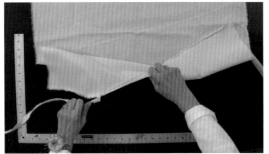

步骤4

准备好白坯布块的下一步是根据记录的尺寸裁剪每块裙片(见第43页)。

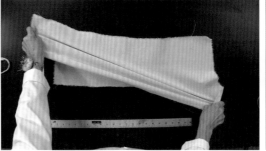

步骤5

给两块裙片定型，使布纹方向纵横交叉彼此成直角(见第43、44页)。

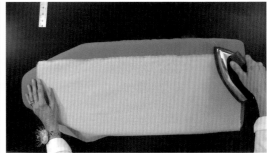

步骤6

确保按着布纹的方向熨烫裙片，以便裙片保持形状不变(见第45页)。

直筒裙测量表

白坯布块	单位	cm
前、后裙片长度（腰部以下至所需裙子长度）+ 10cm		
前、后裙片宽度（人台臀围线一侧最宽的部分；可能在腰部以下18cm处，或略低）+ 7.5cm		
人体测量		
前裙臀线（臀线处的前中至侧缝）+ 6mm松量		
后裙臀线（臀线处的后中至侧缝）+ 6mm松量		

模块2：

画辅助线

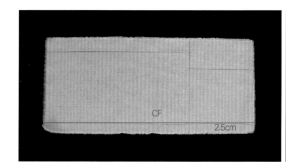

步骤1A

标记前裙片，从右侧长边2.5cm处开始（旋转至如图所示，显示在底部），从顶部向下画一条辅助线，这是前中线。

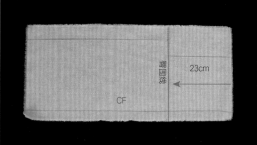

步骤1B

从顶部向下量取23cm，画出臀围线。

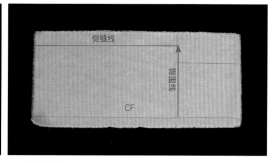

步骤1C

然后，在臀围线上，从前中开始量取臀部尺寸加上6mm的松量，并画一条线到底边，此为侧缝。

步骤1D

接下来，在臀围线与侧缝交点处，沿着臀围线向内量取5cm，然后向上画线。这是前片纵向对标线。

步骤2A

标记后裙片，从左侧长边2.5cm处开始，从顶部向下画一条线。这是后中线。

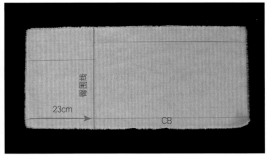

步骤2B

从顶部向下量取23cm，画出臀围线。

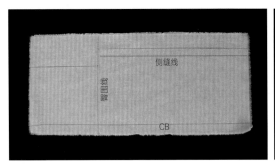

步骤2C

然后，在臀围线上，从后中线开始量取臀部尺寸加上6mm的松量，并画一条线到底边，此为侧缝。

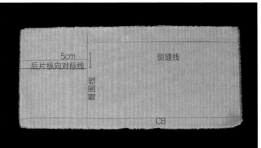

步骤2D

接下来，在臀围线与侧缝交点处，沿着臀围线向内量取5cm，然后向上画一条辅助线，这是后片纵向对标线。

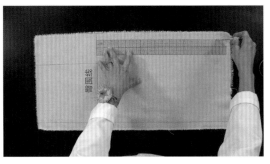

步骤3A

下一步是确定后片接缝。从臀围线到底边增加2.5cm的缝份。

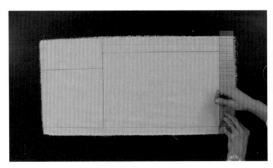

步骤3B

然后从底边5cm处开始，画出底边折边线。

步骤4

修剪臀部的缝头，将侧缝的多余部分裁掉。

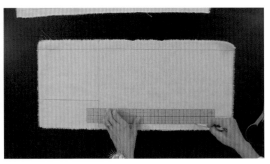

步骤5A

在前裙片上重复1A到2D的步骤，并在侧缝处增加2.5cm的缝份。

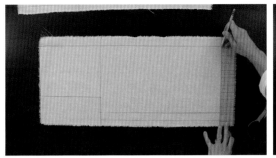

步骤5B

在底部添加5cm的折边量。

步骤5C

然后在臀围线侧缝处添加缝份，并修剪掉多余的侧缝。

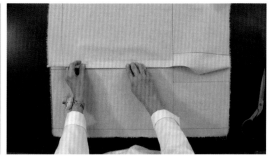

步骤6A

把后裙片与前裙片摆放好，并用手指捏住缝份。

小技巧：

用手指代替熨斗按压可以防止布纹拉伸，例如当沿前后中心线折叠多余的白坯布时。

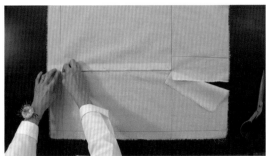

步骤6B

裙子臀部到底部固定侧缝。

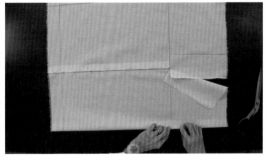

步骤7A

在准备立裁裙子时，首先要用手指按压前中折叠线。

步骤7B

然后在后片也是如此，用手指一直向下按压后中折叠线。

模块3：

立裁

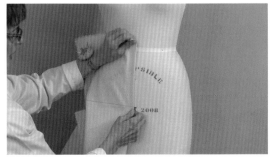

步骤1A

开始裙子的立裁，将前裙片的臀围线和与人台上的臀围线标记带重合。

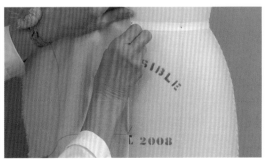

步骤1B

沿着前中线，在臀围线以上到腰围线、以下至裙子底部边缘用大头针固定。

步骤2

将后裙片后中线与臀围线交叉处用大头针固定。

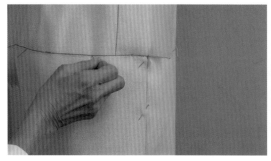

步骤3

一旦把后中在腰部固定，就可以把裙子固定在人台臀部。从后中线开始，沿着臀围线标记带的上边缘固定。固定的时候，沿着臀围线均匀地分布白坯布松量。

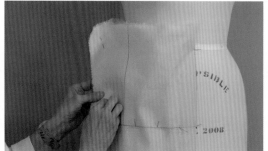

步骤4

在臀围线上方将侧缝线别在一起。确保侧缝布纹方向平衡，因为如果裙子是用条纹或格子面料制作的，需要对条对格。

步骤5A

沿着侧缝线，一直到腰围，在腰部加入一撮松量。

步骤5B

把侧缝线固定在人台上，一直到臀围线处。

步骤6A

在腰围线处将形成两个省道。第一个在公主线，省量取决于腰围与臀围之差。通常每个省道在1.3cm左右。腰臀差变大会导致省道量更大，但省道的长度更短。

步骤6B

第二个省道是在公主线和前片纵向对标线中间确定的。

步骤7

接下来，用手指捏起省道并按向一边。

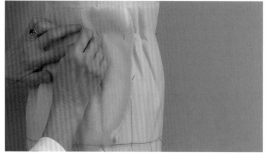

步骤8A

用和前片一样的方法把后片固定在人台上，在腰部添加一点放松量。

步骤8B

此处将形成两个后腰省。第一个省距后中大约6.3cm，省道的长约为2cm，但这最终取决于人台模型。

步骤8C

第二个省道，即侧腰省，在第一个省道和辅助线之间形成，并且应该与第一个省道有相同的省量。

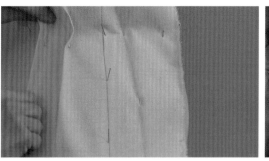

步骤8D

用手指捏起省道，准备做标记。

步骤9

最后，放松腰部。在前面和后面画腰围线，注意不要超过人台上的腰带顶部。

模块4：

标记轮廓线

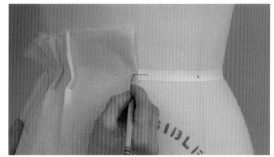

步骤1A

在腰围线的前中点，即前中线与腰围交叉处画一条线，开始标记。

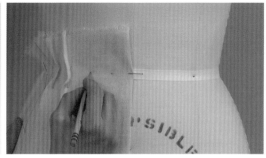

步骤1B

继续用圆点标出腰围。

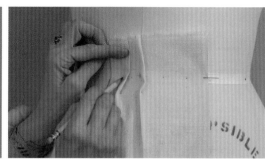

步骤1C

在每个省道的两边做十字标记。

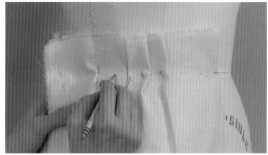

步骤1D

继续标记腰围，直到到达侧缝。

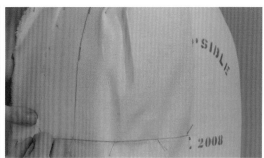

步骤2

在侧缝线与腰围线交叉处做十字标记，然后沿着侧缝描点，直到臀围。

步骤3A

用手指按压每个省道。

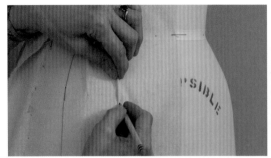

步骤3B

在每个省道的省尖点画圆点标记。

步骤4A

在侧缝线与腰围线交叉处做十字标记。

步骤4B

继续标记腰围，直至第一个省道。

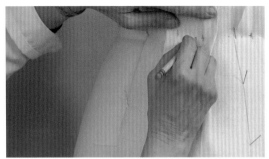

步骤4C

标记省量，并继续标记腰围，直到到达省道的中心。

步骤4D

交叉标记中心省，并继续标记，直到到达后中，画线标记。

步骤4E

估算后腰省的省尖点，并在每个省尖点上画点标记。

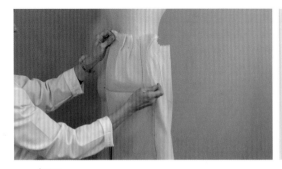

步骤5

从人台上取下样衣，保持侧缝固定在一起，以便在桌子上进行修正。

小技巧：

裙子省道的消失点是由臀部的丰满度决定的。臀部越丰满，省道越短，臀部越小，省道越长。前裙省道比后裙省道短，两者省尖点都必须在臀围线以上。

丽娜·霍斯切克穿着的这条裙子是通过对基础裙的加长和下摆宽度减少制成的。2014/2015秋冬

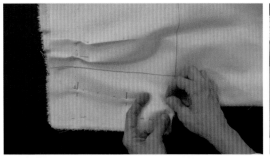

步骤1

接下来，需要调整侧缝。小心地改变大头针的方向，使它们与侧缝成直角，且侧缝不分层。

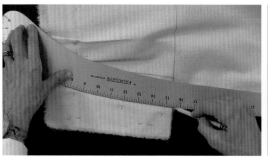

步骤2

用曲线板圆顺地连接侧缝标记点。

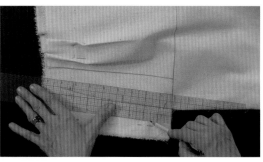

步骤3

用尺子添加2.5cm的缝份。

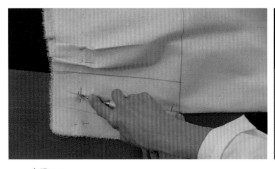

步骤4A

将描图纸放在侧缝下，用滚轮将侧缝描画到裙子的背面。

步骤4B

一定要转移腰部的十字标记。

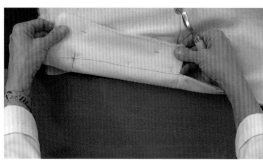

步骤5

检查是否已成功转移标记。

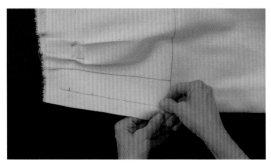

步骤6

修剪多余的缝份，然后取下大头针。

步骤7

在准备修正前省道时，轻轻地用手指捏住省尖点方向的折痕线，然后取下大头针。

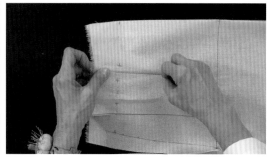

步骤8A

找到前公主省的中心，从顶部向下画一条虚线到省尖点，这代表省道的中心。

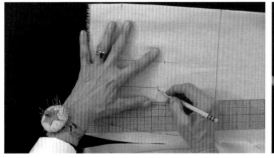

步骤8B

对侧省重复上述做法，并用铅笔和尺子做标记。省道长度取决于人台尺寸和臀部的丰满度。

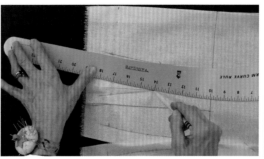

步骤9

用曲线尺修正省道。在省道两侧的相同位置翻转曲线，使曲线保持对称。

步骤10A

在后片，用手指轻轻捏住省道，然后取下大头针。

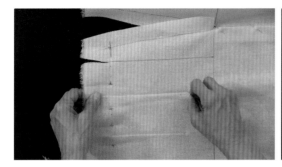

步骤10B

找到每个省道的中心，从顶部向下画一条布纹方向线。后片省道的长度取决于人台尺寸，但是省道的省尖点应该在距臀围线上2.5cm以上。

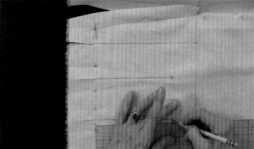

步骤11A

用尺子标出省中心线。

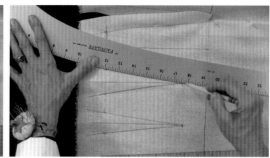

步骤11B

用曲线尺调整省道，再次确保曲线对称。

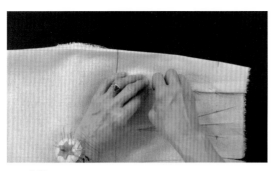

步骤12A

在调整腰围之前，必须先闭合省道。首先用手指捏住后片中心省，然后用大头针把它固定，省道朝后中线方向。

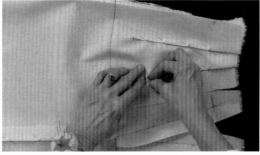

步骤12B

侧省也如此。用手指捏住，然后用大头针固定，省道朝后中线方向。

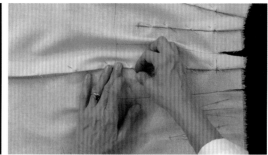

步骤13A

闭合后片省道之后，继续闭合侧缝。用手指捏住侧缝，后片压住前片，从腰围到臀围用大头针固定。

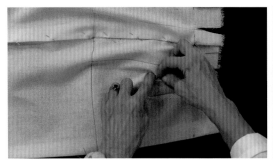

步骤13B

现在闭合前片的省道，用手指捏住，使省道朝向前中线方向。此步骤完成就可以调整腰围了。

步骤14A

用曲线尺和直尺调整腰围线，确保腰围线与后中线和前中线都成直角。

步骤14B

用曲线尺连接标记点，重新画顺曲线，使其前后保持一致。

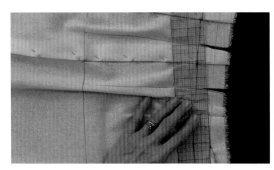

步骤15A

腰围增加2.5cm的缝份。

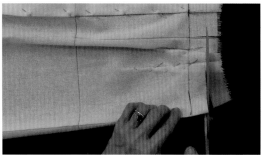

步骤15B

修剪腰部多余的缝份。

步骤16

最后一步，沿着折叠线把下摆向上翻折，然后固定。

步骤17

用同样的方法把裙子后片重新固定在人台上，并检查是否合身。

步骤18

直筒裙制作完成。

自我检查

☐ 是否准确地将臀围线标记在人台上？

☐ 是否标记好所有必要的辅助线了？

☐ 前后片省道位置是否正确？

☐ 裙子的省道是否固定，省缝方向是否正确？

前后中线直纹喇叭裙

学习目标

☐ 确定人台尺寸并准备白坯布；

☐ 利用"打剪口和悬垂"的方法来创造裙褶；

☐ 修正过程：画顺线条，在侧缝处添加一个喇叭口，并添加缝份和折边。

布料：

• 白坯布 (中等重量的白棉布)，长1m。

模块1：
准备

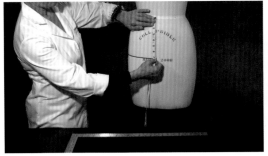

步骤1

从人台腰带中间位置向下量取18cm，从前中到后中贴标记带，可以用尺子和桌面来辅助测量距离。

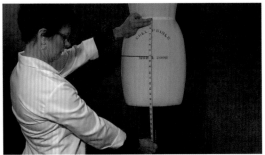

步骤2

接下来，从腰带中间开始，量取喇叭裙长度。

模块2：
准备白坯布并画辅助线

步骤1

在白坯布上，量取长：裙子长度+12.5cm，宽：127cm，需要按照尺寸裁剪双层布片。

步骤2A

按住并裁去两块布边(见第43页)。

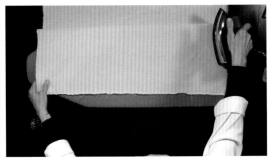

步骤2B

然后将两块白坯布叠压在一起。

步骤3A

下一步，按住白坯布并用L形尺子测量，确保白坯布布纹线彼此成直角。

步骤3B

将白坯布对折，检查边角，确保布料长、宽方向成直角。如果边角没有对齐，则需要重新对齐，以确保布纹线彼此成直角（见第43、44页）。

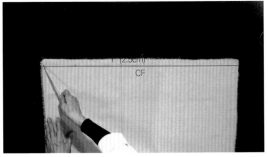

步骤4

从其中一片的长边的顶部向下量取2.5cm画一条辅助线，这代表前中线，此处旋转至图中沿顶部显示。

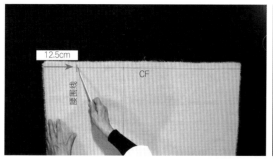

步骤5

从白坯布顶部开始，沿右侧边缘长度方向向下量取12.5cm，并画一条虚线，这代表腰围线。

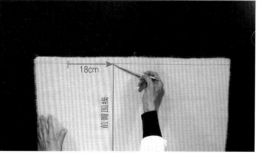

步骤6

从腰围线开始，向下测量18cm，然后画一条线与前中线垂直，此为前臀围线。

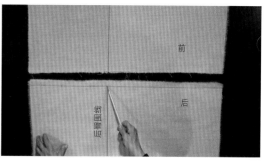

步骤7

在后片白坯布上，画一条与前片高度相同的线，这是后臀围线。

215

模块3：

立裁前片

小技巧：

裙褶的数量取决于裙子的宽度，如果添加了前中缝和后中缝，将能制造更多的裙褶。

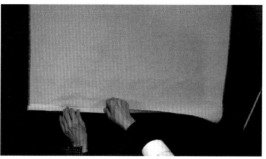

步骤1

用手指按压前中缝份，为立裁做准备。

步骤2

将大头针别在喇叭口所在腰间处。在本节内容中，前片有两个点，后片有两个点。将前腰尺寸除以3，将第一个大头针放在远离前中线的地方。第二个大头针在这个第一个大头针和侧缝的中间。后片重复此操作。

步骤3

将布料上的腰围线标记点与人台上腰围线与前中线的交叉点对齐。

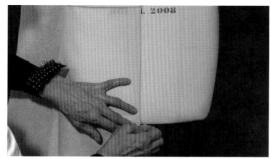

步骤4

沿着前中线固定腰围线至臀围线之间的白坯布，在侧缝处放置一个临时大头针，把它别在裙子的底部。

步骤5

将白坯布抚平到腰围的第一个裙褶点，并在臀围线处固定一个大头针，再将另一个大头针固定底部，与腰围的大头针成一条直线。

步骤6

现在裁第一个裙褶点，从白坯布的顶部剪到腰围线的中心，将多余的白坯布修剪到距腰围线2.5cm以内。

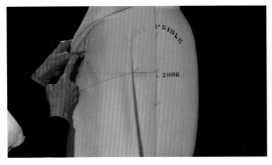

步骤7A

松开侧缝处固定的大头针，从腰围处放下一个裙褶。

步骤7B

在人台底部测量出一个6.3cm宽的裙褶量。

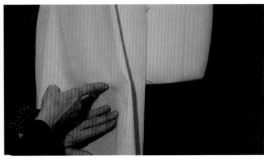

步骤7C

用人台上的另一个大头针把裙褶固定住。

步骤8

将白坯布抚平穿过臀部，直到腰部的第二个裙褶点，然后用大头针别住。在第一个和第二个裙褶点中间点裁剪腰围。将腰部多余部分修剪到距离腰围线2.5cm以内。

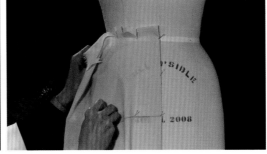

步骤9A

在第二个裙褶点的正下方臀部位置固定一个大头针。

步骤9B

在人台底部固定另一个大头针，与上面的大头针对齐。

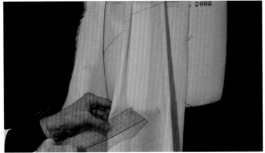

步骤10

将第二个宽度为6.3cm的裙褶固定在人台底部（与第一个相同），并用两侧的大头针固定。

步骤11

将白坯布抚平至腰线与侧缝交叉处，用大头针别住，然后打剪口使腰部得到放松，修剪腰部多余部分。

步骤12

沿着侧缝用大头针固定，直至人台底部。

模块4：
标记前片轮廓线

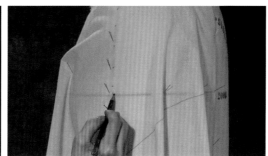 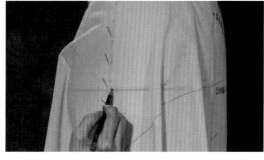 

步骤1

沿着腰带的中间，逆时针方向画点标记，直到侧缝。在两个裙褶点、侧缝与腰围线交点处画十字标记。

步骤2

沿着侧缝从腰围线到人台底部画点标记，在臀围线处画十字标记。

步骤3

在侧缝处画一个十字标记。

  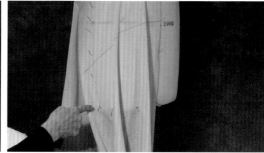

步骤4

在人台底部标出裙褶的两边。

步骤5

在人台的前中底部画一条线段。

步骤6

确保做好了所有必要的标记，将裙子前片从人台上取下。

步骤7

从人台上取下前片。

模块5：
修正前片样板

步骤1
从前中线上方约2.5cm处或第一个腰围标记点处开始修正。

步骤2
用曲线板连接腰围标记点。

步骤3
在腰围上增加1.3cm的缝份。

步骤4
使用曲线板和直尺连接侧缝标记点，将侧缝延伸到白坯布的边缘。

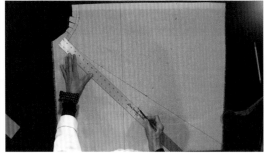

步骤5
为创建侧缝褶，从人台底部标记点向外量取6.3cm，用尺子连接一个新的侧缝。

步骤6
在新的侧缝上增加2.5cm的缝份，然后修剪掉侧缝和腰围处多余白坯布。

模块6：
立裁后片

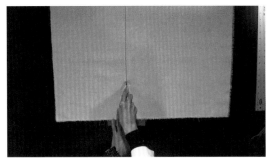

步骤1
将描图纸放在后片下方。使用滚轮，将臀部辅助线描绘到后片的另一侧。

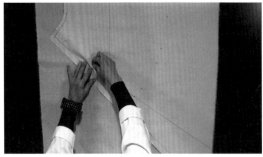

步骤2
翻转后片，将前片放在后片上方，使前片下摆紧贴后片左侧。前后臀围线对齐，并用大头针固定。从腰围线到底部，沿着侧缝用大头针固定。

步骤3
将描图纸面朝上放在后片下面，在后片上描出原来的前侧接缝和新的裙褶侧缝。在人台末端和腰围线的末端画十字标记。

步骤4

修剪侧缝处多余的白坯布。将后片翻转过来，检查是否捕捉到了所有的标记，然后将前片和后片分开。

步骤5

然后，将后片缝份折向前片，并从腰部到人台底部沿着侧缝固定，对齐白坯布腰部和人台标记腰部。注意不要拉伸侧缝，因为这是斜的。

步骤6

将前片重新别在人台上，就像之前立裁时一样，前中线、裙褶标记和腰围线、侧缝与人台上相应标记线对齐。

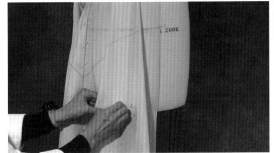

步骤7

将侧缝标记与人台的侧缝对齐。然后固定人台底部的前裙褶。

步骤8

将后片的侧缝标记别在人台上，在人台的末端和臀部收进裙褶。

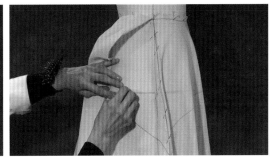

步骤9A

将白坯布向上抚平到臀部上方，在腰围的第一个裙褶标记处固定一个大头针，然后在臀围相应位置用大头针固定。

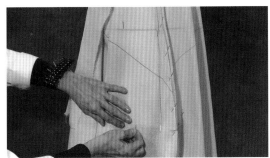

步骤9B

在人台的底部用另一个大头针固定，与腰围大头针成一条直线。

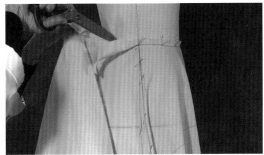

步骤10

在腰围处打剪口释放第一个裙褶。

步骤11

将腰部多余的白坯布修剪到距腰围线2.5cm以内。

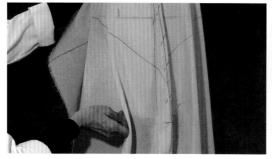

骤12A

松开固定后片的临时大头针，将第一个裙褶用大头针固定在距人台底部6.3cm处。

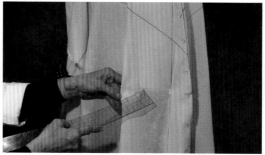

步骤12B

用尺子确认尺寸，然后在臀围线处用一个大头针固定。

步骤13A

沿腰部方向抚平白坯布，将白坯布向上翻至背部，并在腰线的第二个裙褶处用大头针固定。

步骤13B

然后在臀部和人台末端用大头针别住，与腰部大头针成一条直线。

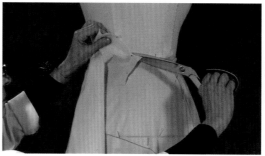

步骤14

在腰部第二个裙褶标记处打剪口，松开第二个和第一个裙褶之间的腰部白坯布，将多余部分修剪到距离腰围线2.5cm以内。

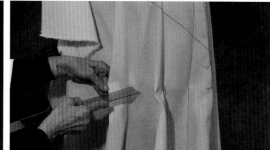

步骤15

在人台末端捏第二个裙褶。用尺子测量时，用大头针固定住后片，用大头针在人台处夹住裙褶。

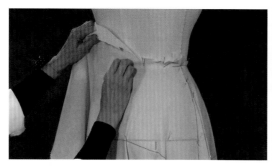

步骤16

将白坯布向上抚平翻至背部，在后中线与腰围线交叉处用大头针固定。

步骤17

在交叉点上，后中部位白坯布是直纹的，与人台的臀围线对齐。在臀围线和后中线与躯干交叉处用大头针固定。

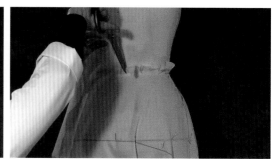

步骤18

打剪口释放腰围处的白坯布，修剪多余部分。

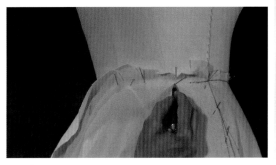

步骤1
沿着腰带中间画点标记。

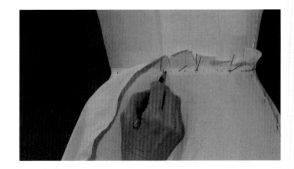

步骤2A
在裙褶处画十字标记，直到到达后中与腰围的交叉点。

步骤2B
在后中与人台交叉处做一个十字标记。

卡罗琳娜·埃莱拉2015春夏的喇叭盖裙，
极具装饰性

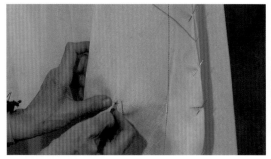

步骤3A

在人台底部标记后片裙褶的两端。

步骤3B

在人台底部标记后片侧缝。

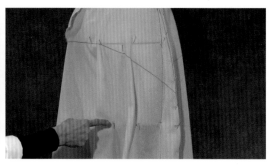

步骤4

把裙子从人台上取下之前，检查所有的标记。

模块8：
修正后片样板

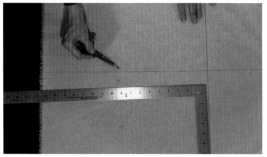

步骤1A

在后中臀线上画一条线，连接腰围和白坯布边缘。可能会错过人台的标记点，但没关系，更重要的是要进行调整，使后中线是直纹的。

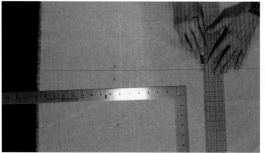

步骤1B

在后中线上打两个缺口，一个在臀部，另一个在拉链下面6mm。

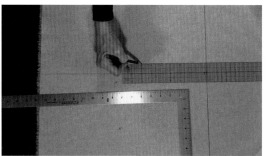

步骤2

给后中部位增加2.5cm的缝份。

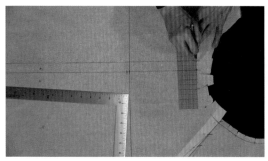

步骤3A

在腰部远离后中的地方画一条线，连接腰部标记点。

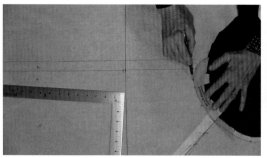

步骤3B

用曲线尺连接腰部的其他点。

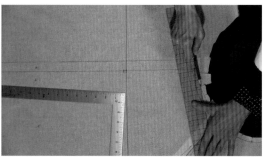

步骤4

腰围增加1.3cm的缝份。

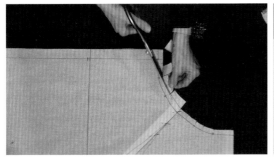

步骤5

修剪后中和腰部多余的白坯布。

步骤6

然后用手指按压后中缝份。

模块9：

最后的工作

步骤1

把裙子穿回人台上，像立裁裙子一样。沿着腰部裙褶标记点、侧缝、后腰围裙褶标记点和后中部位用大头针固定。

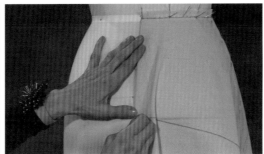

步骤2A

从前片和后片形成裙褶。

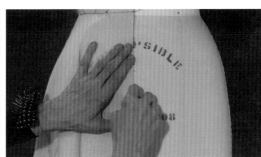

步骤2B

沿着前中线固定。

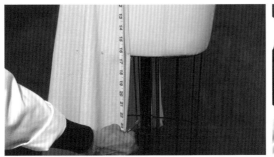

步骤3A

从腰围线的前中点开始向下量取裙子长度。

步骤3B

在裙长部位做标记。

步骤4

从地板或桌面向上量取裙子的长度。一边做标记一边旋转人台，直到后中部位。

步骤5

从人台上取下白坯布，准备修整下摆。

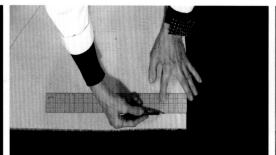

步骤6

在前中和后中的第一个折边标记点之间画一条线。

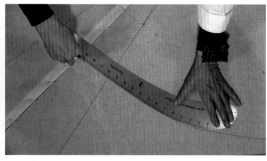

步骤7

根据需要移动曲线尺以连接下摆标记点。

步骤8A

用直尺添加1.3cm的折边余量。

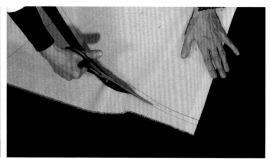

步骤8B

然后修剪。

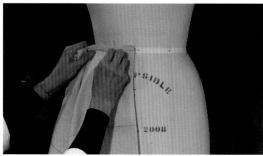

步骤9A

将裙子穿回人台上，检查是否合身。

小技巧：

喇叭裙的侧缝是斜的，根据制作面料的不同，侧缝可能会拉长。建议在标出最后的底边之前先将裙子悬挂24小时。

步骤9B

现在已经完成了前后中线为直纹的喇叭裙。

自我检查

☐ 是否沿腰围均匀分布了裙褶？

☐ 是否准确地对齐了前后片的侧缝？

☐ 是否从人台的底部测量了裙褶的量，使它们的宽度都一样？

抽褶腰带裙

学习目标

☐ 测量人台尺寸并准备白坯布；

☐ 准备工作：在臀线处加抽褶缝线，将前片和后片拼接在一起，用手指按压折线；

☐ 用大头针固定以确保裙子结构平衡，均匀分布褶裥，并确保褶裥垂直；

☐ 标记轮廓线和修正样板，在腰围处抽褶，添加下摆；

☐ 安装腰带：确定合适的松紧程度，添加纽扣和扣眼，然后将腰带固定到裙子上。

布料：

• 白坯布（中等重量的白棉布），长1.4m。

卡尔·拉格斐为香奈尔设计的低腰褶裥裙，2015春夏

模块1：
准备女装人台

步骤1

从人台腰围线向下量取想要的裙子长度，记录测量结果，此处选择裙长为56cm。

步骤2

从腰围线底向下量取18cm，用标记带标记臀部。为检查标记带是否水平，通过在桌面上放一个L形的尺子，在前中线上找到尺子对应臀部标记带底部的数字。当从前

往后转动人台时，标记带应该对准那个数字。为了使臀围线与桌子和地板平行，可以对标记带进行必要的调整。

模块2：
准备白坯布并画辅助线

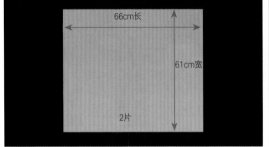

步骤1

准备两块白坯布：宽度为61cm，长度为裙长56+10cm。

步骤2

在准备白坯布时，首先记得把白坯布的布边裁掉（见第43页）。

步骤3

把白坯布固定，使它们彼此成直角。可以用L形方尺或者用桌子直角来固定白坯布（见第43、44页）。

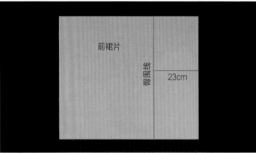

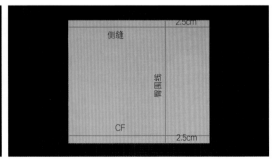

步骤4

固定成功后，先用熨斗（不要用蒸汽）把他们按照布纹方向压平，之后再用蒸汽固定白坯布。

步骤5A

标记裙片辅助线。对于前裙片，距白坯布的右侧边缘宽23cm处画臀部辅助线。

步骤5B

从白坯布的每个长边上量取2.5cm，并在白坯布的长度方向上画两条辅助线，这些辅助线代表前中缝和侧缝。

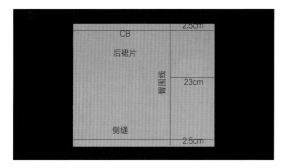

步骤5C

在后片上标记辅助线——这一次侧缝在下方，而后中线在上方。裙片做好标记后，用蒸汽熨斗压平。

模块3：
立裁准备

小技巧：

使用抽褶压脚比手工制作褶裥要快得多。

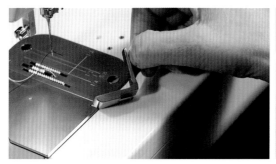

步骤1

在准备做裙子时，首先需要对两个裙片的臀部抽褶。在缝纫机上，把缝纫机脚换成抽褶压脚。建议梭芯中使用弹力线，在机器顶部使用普通棉线。

步骤2A

用针将前裙的臀围线对齐。沿着臀部方向缝合褶裥时，将左手手指放在抽褶压脚的后面施加一点压力。缝合时，时松时紧地施加压力，这将有助于创造更多的褶。

步骤2B

对后裙片重复此过程。

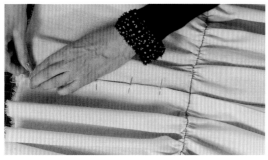

步骤3A

现在可以在侧缝处把两块裙子拼在一起了。面向裙子正面，将裙子后片2.5cm的侧缝折在下面，并用大头针固定在前裙片的臀部。

步骤3B

继续用大头针固定，从后片到前片，从臀部到腰部，然后从臀部到下摆。

步骤4

用手指按住裙子前中线2.5cm的延伸部分，在臀部上方和下方折叠起来。然后对后中线2.5cm的延伸部分重复此步骤。

步骤1
用双针将裙片的前中与臀围线的交叉点固定到人台的前中与臀围标记带的交叉点上。

步骤2
将裙片在前中与腰线交叉处固定好。

步骤3
在后裙片上放一个临时大头针，以便固定前片。然后在前中与人台底部交叉处用大头针固定。

步骤4
松开临时大头针，将白坯布的侧缝与臀围线交叉点和人台的侧缝与臀部标记带的交叉点对齐。由于裙子有点重，需要用双针把这个地方固定。

步骤5
将白坯布向上抚平至臀部上方。在腰围与侧缝交叉处用大头针固定。

步骤6
在侧缝与人台底部交叉处插入大头针固定。

步骤7
将白坯布的后中与臀围交叉点对齐人台的后中与臀围标记带的交叉点并用大头针固定。确保固定在标记带的位置要一致（顶部或底部）。将前片固定在顶部，后片固定在底部会使裙子失去结构平衡。

步骤8
从臀部开始抚平白坯布，并在后中与腰围线交叉处插入一个大头针固定。

步骤9
用另一个大头针将白坯布固定在后中与人台底部交叉处。

小技巧:

某些部位白坯布过多可用两个大头针固定。

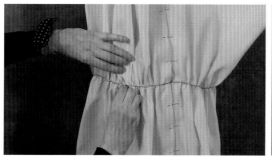

步骤10A

在固定后臀之前，必须从后中到侧缝均匀地分布褶裥。透过白坯布，将裙片的臀围线与人台的臀部标记线对齐固定。记住要把大头针别在标记线的同一位置。

步骤10B

现在固定前裙片。将前裙的臀围线固定在人台上相应位置，从侧缝到前中部位，均匀分布褶裥，保持结构平衡。在前后臀围线使用两个大头针将有助于固定白坯布，为下一步在腰围处增加褶裥做准备。

步骤11A

将51cm长的标记带的一端固定到人台的前中腰部。从前中到侧缝，用手指均匀地分配腰部褶量。

步骤11B

用手拉动标记带，将褶裥固定到位，然后用大头针将标记带固定在侧缝与腰围的交叉处。

步骤11C

在后片重复这个过程，把标记带紧紧贴在腰部时，分配裙子的褶量。将褶量均匀分布后，用大头针将标记带固定在后中部与腰围交叉处。

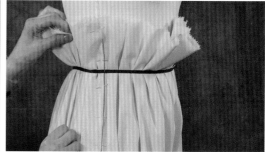

步骤12A

现在回去确保褶皱是垂直的，而不是斜的。仔细整理腰部的褶皱，避免产生任何大的褶皱。拉一下白坯布顶部，确保白坯布在臀部上方区域不鼓包。

步骤12B

最终的结果应该是前后腰围褶皱均匀。

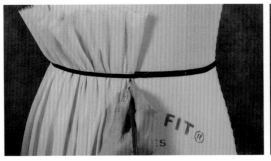

步骤1A

在前中与腰围的交点处开始画线标记，用削尖的铅笔在标记带的底部做标记。

步骤1B

从前中到后中，在腰围的褶皱处画点标记腰围，标记点越多，之后修正腰围时越容易。

步骤1C

现在在后中与腰围交叉处画一条线标记。

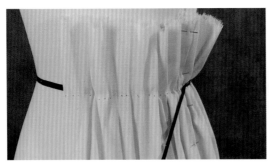

步骤2

完成了腰部的标记后，拆去人台腰部的标记带。

步骤3

解开裙子的褶皱，把它从人台上取下，保持侧缝别在一起。

步骤4

将裙子褶皱平放在桌子上，从后向前拉缝线，边拉边拆线，去除臀部的褶皱缝线。

步骤5

从前到后交替拉出褶皱缝线，直到所有的褶皱缝线都被拆除。

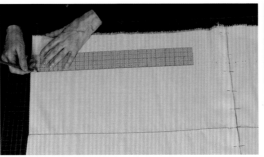

步骤6

用直尺从腰部中间画出一条2.5cm的直线开始修正。

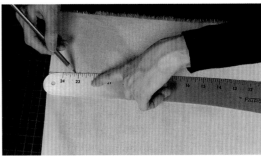

步骤7A

用曲线板来调整后腰围。

小技巧：

可能无法准确地连接每一个点，只要用曲线板画出一条平滑的线即可。

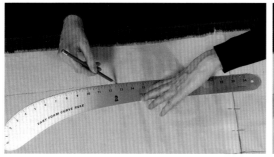

步骤7B

重新修正曲线，连接点，直到到达侧缝。

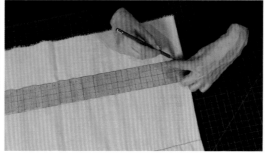

步骤8A

用直尺在偏离前中约2.5cm的地方画一条线。

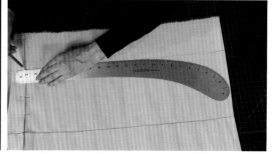

步骤8B

重新定位曲线，连接点，直到到达侧缝。同样可能无法准确地连接每一个点，但目标是用曲线尺画一个平滑的腰围线。

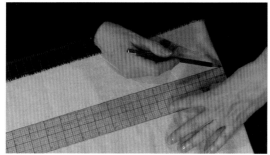

步骤9

给腰围增加1.3cm的缝份。

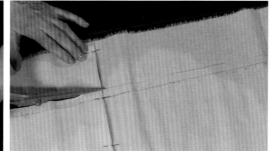

步骤10

如图所示，为裁掉腰围处多余白坯布，需要调整腰线与侧缝交叉处大头针的方向。

步骤11

从前到后用蒸汽熨斗将臀围处褶皱压平。

小技巧：

缝制褶皱线迹时，使用手指紧推压脚后面面料的方法可获得最大的褶皱。缝纫时，确保侧缝大头针不影响缝纫。

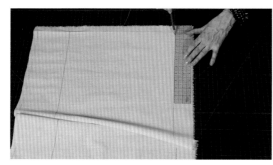

步骤12

将裙子平放在桌子上，正面朝上，从裙子底边开始测量5cm，用直尺从后向前画出下摆的折叠线。

步骤13

在缝纫机上用褶皱压脚沿着腰部缝线从后向前缝一个褶皱线迹。

小技巧：

本课使用的是软6B铅笔，而不是2HB铅笔，这样标记就更明显了。如果选择使用6B铅笔，需要经常将笔尖磨尖。

步骤1
准备给裙子安装3cm宽的腰带时，需要提前折好裙子的5cm下摆并用大头针固定，将裙子回放到人台上。

步骤2
用卷尺，从前中到后中测量腰围，然后增加7.5cm并记录测量值。这里的腰围是66cm加7.5cm等于73.5cm。

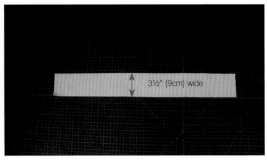

3½" (9cm) wide

步骤3
对于这种美国6号(英国10号)的服装形式，准备一片长73.5cm宽9cm的白坯布。对于3cm宽的成品腰带，沿着白坯布的宽度方向切割。

步骤4A
在腰带长边的两端各做一个1.3cm的标记点。

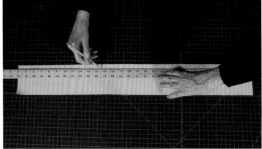

步骤4B
用直尺把1.3cm的标记点连接起来，则沿着腰带的长度边缘形成一个1.3cm的缝份。

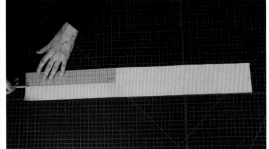

步骤5A
现在测量腰带的一半宽度，然后在腰带两端做标记点，标明腰带的折叠线。

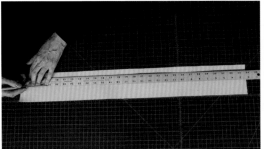

步骤5B
用直尺连接腰带两端的折叠线标记点。

步骤5C
从折叠线的成品腰围尺寸上量取3cm，并在腰带两端做标记点。

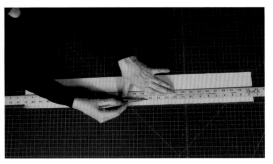

步骤5D
连接两端标记，在另一侧画出腰带缝线，这样会留下1.3cm的缝份。

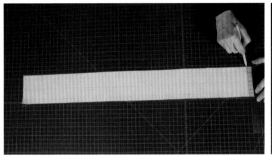

步骤6A

从腰带的右侧宽度边缘开始量取1.3cm，并画一条缝线。在另一端重复此操作。

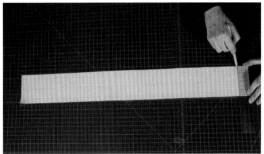

步骤6B

从腰带左侧宽度边缘的缝线开始量取2cm。这将成为纽扣位置和腰带的后中线部位。

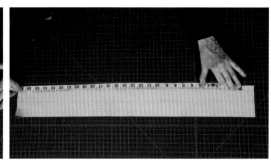

步骤7A

用卷尺测量从腰带的后中线到另一端缝线的距离。

步骤7B

将卷尺对折，然后在腰带的前中做标记。

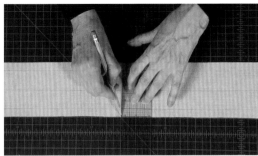

步骤7C

如图所示，用尺子将前中的位置移到腰带的另一侧标记。

步骤8

现在，测量纽扣的宽度。此处用于宽3cm腰带的纽扣尺寸为1.3cm。

小技巧：

扣眼的位置是从缝线处量取纽扣宽的一半加上6mm。扣眼宽度是纽扣宽度加3mm。

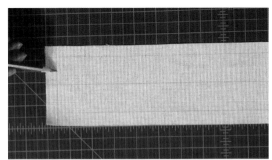

步骤9A

找到半个腰带的中点，在腰带的右侧末端做一个标记。

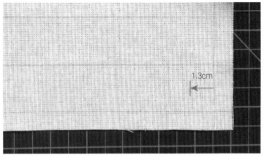

步骤9B

从中间点缝线开始测量1.3cm，标记扣眼位置。

步骤9C

然后从1.3cm的标记开始，测量纽扣的宽度加3mm（总共1.5cm），画一条线来表示扣眼。

小技巧：

另一种方法是用按扣或钩扣代替纽扣。使用最靠近腰带边缘的纽扣标记和扣眼标记作为安装标记点。

步骤9D

在扣眼的两端画线标记。

步骤10A

找到后片纽扣延伸以及最靠近腰带的宽度部分的中点，画点标记，这表示纽扣的位置。

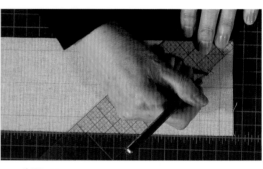

步骤10B

用x表示纽扣的位置。

步骤11A

用手指按压腰带两端的接缝处。

步骤11B

用手指从一端到另一端按压腰带的折叠线，为将其安装到裙子上做准备。

步骤12A

现在把腰带的扣眼端安装在裙子的左边。

步骤12B

面向裙子的腰部，将折叠腰带的缝线固定在裙子腰部的缝线上。

步骤12C

将裙子的前中部与腰带上的前中部标记对齐。

步骤12D

将腰带别在裙子上，边固定边收褶。

步骤13A

把裙子的左边固定好后，在右边重复这个过程，把腰带的纽扣端和裙子的右边对齐。

步骤13B

如图所示。这一次，需要将腰带延伸部分的后中线与腰部对齐。

步骤13C

继续将裙子的腰部别在腰带上，一边别一边释放褶皱，这就是裙子腰带在后中部位的样子。

步骤13D

裙子的腰带扣好的效果。

步骤13E

现在已经完成抽褶腰带裙。

自我检查

☐ 是否把臀围标记线准确地贴在了人台上？

☐ 白坯布抽褶是否均匀？

☐ 腰部的褶裥分布均匀吗？

☐ 扣子和扣眼标记是否对齐？

第5章

连衣裙

　　本节内容从时尚界最流行、最通用的裙廓型——直筒型连衣裙开始学习，这个款式非常容易裁剪。本节内容还演示了如何在下摆添加喇叭口来形成"A"字廓型。

　　为了制作经典的紧身裙，在开始测量、固定和熨烫白坯布之前，需要用标记带标记出一个凹型领口。对于这种风格，腰部必须非常合身，以产生时尚的轮廓效果。

　　加省道可以使A字型连衣裙的腰部合体。此处将要修正样衣并在下摆增加裙褶，这种款式还包括吊带裙。

　　在最后的内容中，将学习如何裁剪具有船型领口和无袖窿的大下摆宽松式连衣裙。还将学习如何为"一体式"贴边绘制样板，一体式贴边通常用于这种风格的领口和袖窿。

直筒连衣裙

学习内容

- ☐ 准备服装人台和白坯布：在服装人台上添加标记线，并测量人台尺寸，准备白坯布并画辅助线；

- ☐ 选用大块白坯布裁剪：使用大头针临时固定，创造一个直筒状外观，分配松量，平衡接缝；

- ☐ 添加省道，添加侧缝省和后肩省，以保持直筒状外观；

- ☐ 修正过程：调整领口和袖窿，增加缝份，使省道对称，在下摆增加裙褶，并标记下摆。

布料：

• 白坯布（中等重量的白棉布），长1.4m。

无袖直筒裙，DSquared2，2014秋冬

模块1：
准备女装人台

步骤1
立裁直筒连衣裙的第一步是用标记带标出人台的参考线。

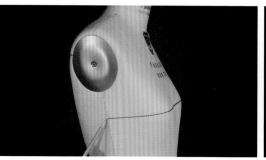

步骤2
从左胸高点到右胸高点穿过右侧缝用标记带将胸围标出，要确保标记带与地面平行。

步骤3A
在人台前中部位，从腰围标记带底部向下量取18cm，用标记带标记臀围。

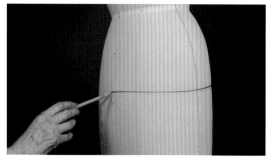

步骤3B
围绕人台一周标记臀围，直到后中部位，要确保标记带与地面平行。

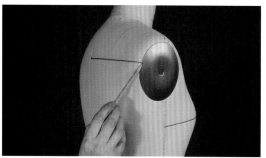

步骤4
接下来标记肩胛骨水平线。肩胛骨水平线与地面平行，位于领围和腰围之间1/4处。

模块2：
测量人台尺寸

裙片	单位	cm
前后片长度＝所需裙子长度＋15cm松量		
前片宽度＝前臀围点宽度＋10cm松量		
后片宽度＝后臀围点宽度＋10cm松量		
人体测量		
所需裙子长度（前中领围至所需下摆长度）		
前胸宽（侧缝至前中胸围线的宽度）		
前领围至胸围线距离（领口顶部至胸围线）		
前臀围宽度（侧缝至前中处臀围线的宽度）＋1.3cm松量		
后背宽度（后背最宽的部分，从后中到腋下侧缝）		
后臀围宽度（后中至侧缝处臀围线的宽度）＋1.3cm松量		
胸高点到前中距离（在胸围线上量取右胸高点到前中距离）		
胸高点到前公主线距离（胸高点标记带的底部到前臀围标记带底部）		
肩胛骨宽度（沿肩胛水平测量后中到肩胛骨板条侧的宽度）＋6mm松量		
后领围至肩胛水平线的距离（后中中线，从后颈标记带底部测量至肩胛骨水平标记带底部）		
肩胛线到前的公主线距离（肩胛骨水平线标记带底部到后臀部标记带底部）		
后中到公主线距离（沿肩胛水平线量取后中到后背公主线的距离）		

步骤1A
接下来，从人台上提取测量值。使用直筒连衣裙测量表（第240页）记录测量值。

步骤1B
确定裙子长度。从前中领围到所需成品的下摆长度。

步骤1C
此处裙长为81cm，将其记录在表格中。

步骤2

沿胸围线从侧缝到前中测量前胸围宽。将该测量值记录在表格。

步骤3

量取从人台领口顶部垂直到胸围线的尺寸，将该测量值记录在表格上。

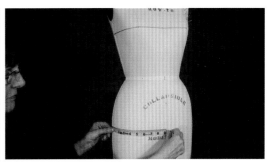

步骤4

沿着臀围标记带，测量从侧缝到前中的前臀围宽度，将测量值增加 1.3cm记录在表格上。

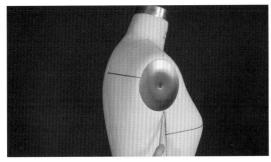

步骤5A

接下来移到人台的背面，找到背部最宽的部分，这通常在手臂的正下方。

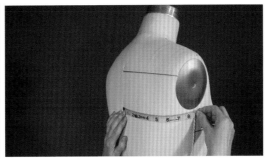

步骤5B

测量从后中到侧缝的后胸围宽度，并将测量结果记录在表格上。

步骤6

沿着臀围标记带，测量从侧缝到后中的后臀围宽度，将测量值增加1.3cm记录在表格上。

步骤7

沿着胸围线测量胸高点到前中线的距离，将测量结果记录在表格上。

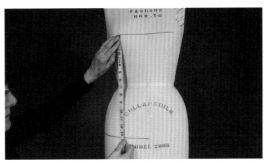

步骤8

接下来，测量前公主线处的胸高点标记带的底部到前臀部标记带底部的垂直距离，记录测量值。

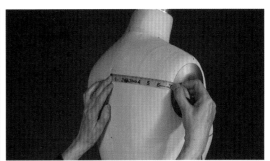

步骤9

移到背面，沿着标记带测量肩胛骨宽度。测量从后中到袖窿臂板侧面的宽度，再加上6mm的松量，在表格上记录总数。

直筒连衣裙测量表

裙片	单位	cm
前后片长度=所需裙子长度+15cm松量		
前片宽度=前臀围总宽度+10cm松量		
后片宽度=后臀围总宽度+10cm松量		
人体测量		
所需裙子长度(前中领围到所需下摆长度)		
前胸宽(侧缝至前中胸围线的宽度)		
前领围至胸围线距离(领口顶部至胸围线)		
前臀围宽度(侧缝至前中处臀围线的宽度)+1.3cm松量		
后背宽度(后背最宽的部分，从后中到腋下侧缝)		
后臀围宽度(后中至侧缝处臀围线的宽度)+1.3cm松量		
胸高点到前中距离(在胸围线上量取右胸高点到前中距离)		
胸高点到臀围线的前公主线距离(胸高点标记带的底部到前臀围标记带底部)		
肩胛骨宽度(沿肩胛骨水平测量后中到袖窿臂板侧面的宽度)+6mm松量		
后领围至肩胛骨水平线的距离(沿后中线，从后颈标记带底部测量至肩胛骨水平标记带底部)		
肩胛线到臀围线的公主线距离（肩胛骨水平线标记带的底部到后臀部标记带底部）		
后中到公主线距离 (沿肩胛水平线量取后中到背部公主线的距离)		

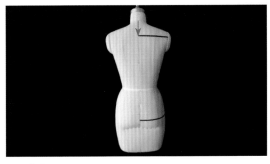 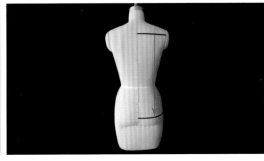 

步骤10

现在沿着后中线测量，从后领围到肩胛骨水平标记带底部的距离，将该测量值记录在表格上。

步骤11

现在测量肩胛骨到臀围线的公主线距离。在背部公主线上，量取从肩胛骨水平线标记带的底部到后臀部标记带底部的距离。

步骤12

最后沿着肩胛骨水平线测量从后中线到背部公主线的距离，把它记录在表格上。

模块3：

准备白坯布

小技巧：

对于美国10码（英国14码）更大的码数，为了便于立裁，需要多增加点白坯布。

裙片	单位	cm
前后片长度=所需裙子长度+15cm松量		
前片宽度=前臀围总宽度+10cm松量		
后片宽度=后臀围总宽度+10cm松量		
人体测量		
所需裙子长度(前中领围至所需下摆长度)		
前胸宽(侧缝至前中胸围线的宽度)		
前领围至胸围线距离(领口顶部至胸围线)		
前臀围宽度(侧缝至前中处臀围线的宽度)+1.3cm松量		
后背宽度(后背最宽的部分，从后中到腋下缝)		
后臀围宽度(后中至侧缝处臀围线的宽度)+1.3cm松量		
胸高点到前中距离(在胸围线上量取右胸高点到前中距离)		
胸高点到臀围线的前公主线距离(胸高点标记带的底部到前臀围标记带底部)		
肩胛骨宽度(沿肩胛骨水平测量后中到袖窿臂板侧面的宽度)+6mm松量		
后领围至肩胛骨水平线的距离(沿后中线，从后领标记带底部测量至肩胛骨水平标记带底部)		
肩胛线到臀围线的公主线距离(肩胛骨水平标记带的底部到后臀部标记底部)		
后中到公主线距离(沿肩胛水平线量取后中到背部公主线的距离)		

步骤1

现在，参照直筒裙测量表准备好前后裙片。前后片的长度都是在想要的裙子长度加上15cm的裁剪松量。计算出总值并记录在表格上。

步骤2

前裙片的宽度为测量前臀部的宽度增加10cm的裁剪松量，然后将总值记录在表格上。

步骤3

后裙片的宽度的测量后臀部的宽度增加10cm的裁剪松量，然后将总值记录在表格上。

步骤4A

现在，裁掉布边，准备裙片(见第43页)。

步骤4B

根据前后裙片的宽度和长度尺寸，测量布片并裁剪。

步骤4C

用L形尺子或者桌子的直角边来确保布纹方向成直角。如有必要，调整布纹方向，使它们彼此成直角(见第43、44页)。

步骤4D
先抚平白坯布，然后用蒸汽熨斗定型白坯布。

步骤5A
对于美国6号(英国10号)连衣裙，前片的宽度为33cm，长度为96.5cm。

步骤5B
后片宽度为32cm，长度为96.5cm。

模块4：

画前片辅助线

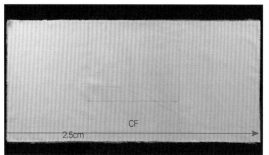

步骤1
现在开始标记前裙片。从离得最近的长边开始量取2.5cm，沿着长度方向画一条直线，这是裙子的前中线。

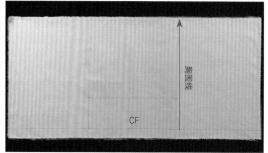

步骤2
在侧边宽边上，沿着前中线量取领口到胸围线的距离，在那一点画一条横线，这代表胸围线。

步骤3
在胸围线上，向上量取胸高点到前中的距离，并做一个标记，这代表胸高点。

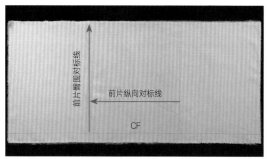

步骤4
在胸高点与胸围线的交点处，向下画一条经向线，长度为胸高点到臀围线的前公主线距离。然后再在这个点上画一条横宽线。这两条线条分别代表前片纵向对标线和前片臀围对标线。

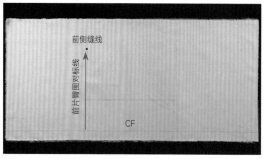

步骤5
在前片臀围对标线上，从前中线开始量取前臀宽尺寸并做标记，这是前侧缝线。

步骤1

现在开始标记后裙片。从裙片的长边开始量取2.5cm，沿着长度方向画一条线。这是裙子的后中线。

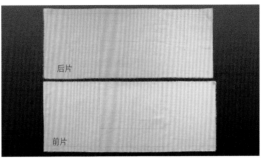

步骤2A

如图所示，将前后裙片面朝上放在桌子上，面向前裙片，侧缝边缘相对。

步骤2B

对齐前后裙片的底边，然后在后裙片上画一条与前衣片臀部齐平的线。

步骤2C

从后中线沿着臀围线量取后臀宽度并做标记，这是后侧缝线。

步骤3A

现在标记肩胛骨水平线。从后臀线开始，沿着后中线向上测量胸高点到臀围线的前公主线距离，然后在后中线的那个点上做一个标记。

步骤3B

在这个标记点，画一条横穿后背宽的肩胛骨水平线。

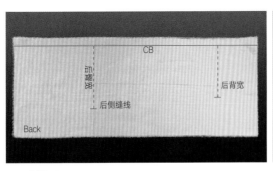

步骤4A

现在，沿着肩胛骨水平线从后中开始量取后背宽，并做标记。

步骤4B

从肩胛骨的宽度标记开始，朝后中方向测量3cm，并向后臀部画条直线，这是后片纵向对标线。

步骤1

开始立裁之前，将前中部位2.5cm的折边向后折叠并用手指按压。用手指从白坯布的底边按压到顶部。注意千万不要烫折痕，否则会导致边缘拉伸。

步骤2

对后裙片重复此过程。向后折叠并用手指从一端到另一端按压后中的折叠部分。

步骤3

通过将前裙片胸高点与人台的胸高点对齐来开始立裁，用两个大头针将其固定。

步骤4A

将裙片的胸围线和前中线与人台的胸围线和前中线标记带对齐，然后用大头针在领围线与前中线交叉点下5cm处固定。

步骤4B

在腋下附近放置一个大头针临时固定，这样就不会受白坯布的影响立裁过程了。

步骤4C

将大头针别在前中线上胸围线以下位置，确保胸部放松（不要将大头针别在胸围线上），应使白坯布和人台之间可以插入一根手指。

步骤4D

在前中线与臀围线的交叉处固定一个大头针，把大头针别在标记带底部。

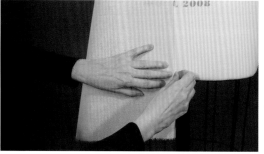

步骤4E

然后在人台的底部和前中部用大头针固定。

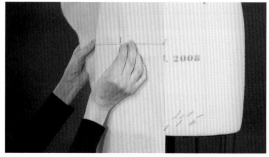

步骤5A

将白坯布从前中部向前片纵向对标线处抚平，并用两个大头针反向固定交叉点。

245

小技巧：

立裁直筒连衣裙时，从一个直筒的形状开始是很重要的。一旦前片和后片搭成了直筒的廓型，就可以选择在腰围处做造型，或者在侧缝处加裙褶。

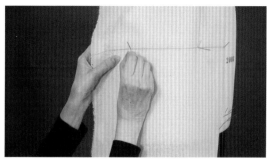

步骤5B

将裙片的前侧缝标记和人台的侧缝与臀围线的交叉点对齐，用双针固定。

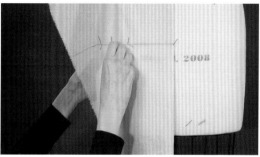

步骤5C

现在将臀部松量均匀分布在侧缝和前片纵向对标线之间。将裙片的腰围线用双针固定到人台的腰部标记带上。

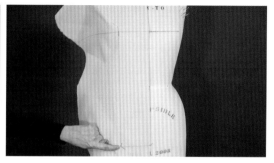

步骤6

前片纵向对标线应该从乳尖点一直垂到臀部位置，产生一个漂亮的直筒外观。纵向对标线不应该与身体轮廓一致。

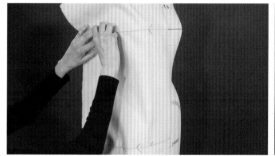

步骤7

现在移到胸围处，沿着胸围线将白坯布抚平到侧缝。用大头针固定侧缝与胸围线的交叉点。

步骤8A

下一步是在前中部位的领围上方裁掉一个3.8cm×3.8cm的矩形。

步骤8B

在领围线处打剪口，松开领围线周围的白坯布，注意不要剪到领口线以外。

步骤9A

用大头针固定肩线与领围的交叉点。

步骤9B

沿肩线再插入两个大头针固定——一个在肩线与公主线交叉处，另一个在肩线与袖窿弧交叉处。

步骤10A

取下胸部和侧缝处的大头针，然后将白坯布抚平至胸围，形成侧缝省道。

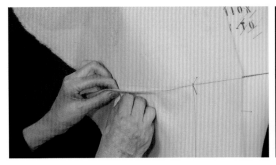

步骤10B

用手指捏起省道，用大头针固定。将大头针别在侧缝线上。

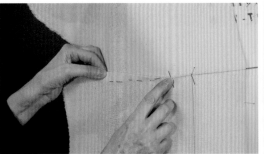

步骤10C

继续向省道插入更多大头针固定，然后在省道的省尖点放置一个大头针，该省尖点通常距离胸高点约2.5cm。

步骤10D

如图所示，捏起的省道必须使衣服的前面形成一个方形。

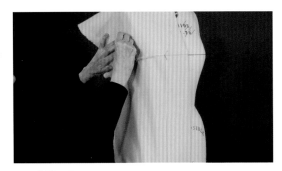

步骤10E

检查省道创建的方形形状，在侧缝与袖窿弧的交叉处用大头针固定。

模块7：

标记前片轮廓线

步骤1A

开始在领围做标记。在前中线与领围交叉处画一条线。

步骤1B

沿着领围线继续用圆点标记领口，直到肩线与领围线的交叉点。

步骤2A

在肩线与领围、肩线与公主线交叉处画十字标记。

步骤2B

然后在肩线与袖窿弧线交叉处画一个十字标记。

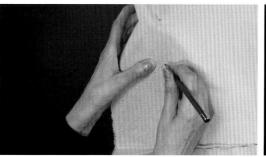

步骤3

在服装人台腋下的袖窿臂板螺钉处画一个X标记。

步骤4A

沿着袖窿弧线做标记，从肩线与袖窿弧线交叉点开始，直到袖窿臂板螺钉水平处时停止。

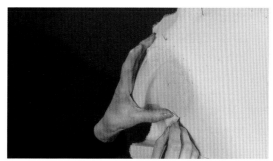

步骤4B

在侧缝与袖窿交叉处画十字标记。

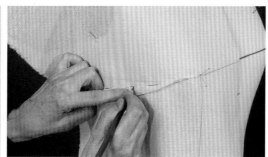

步骤5A

沿着侧胸省省尖处的大头针开始做标记。

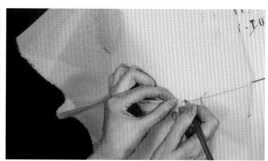

步骤5B

在省道的省尖点做标记。

步骤5C

捏起侧胸省的中间，在省道的上面画一条线，在省道的下面画一条线。

步骤6

检查前片上所有的关键区域标记，然后把前片从人台上取下，注意保持胸围省道别在一起。

小技巧:

添加领子时，为避免领口太紧，需要将领口前中部位降低1.3cm，然后将领口曲线与肩缝圆顺。

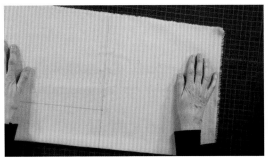

步骤1

将前片正面朝上放在桌子上，解开侧胸省道并抚平，使其保持平直。

步骤2A

对于无领领口，将领口降低6mm，并在偏离前中部6mm处画一条线。对于有衣领领口，需降低领口1.3cm。

步骤2B

使用曲线尺来画顺领口，将6mm的领口标记连接到领围线与肩线交叉点。

步骤3A

用尺子校正前肩线。连接肩线与袖窿、肩线与领口交叉处的十字标记。

步骤3B

用直尺在肩线与公主线交叉位置，标记一个中间肩部凹口并与肩部成直角。

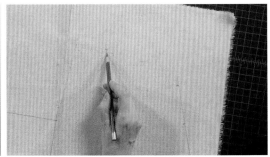

步骤4

由于直筒连衣裙是无袖的，为了穿着方便，需要把袖窿降低1.3cm，侧缝延长6mm。如果需要在衣服上装袖子，则需要把袖窿降低2.5cm，侧缝延长1.3cm。

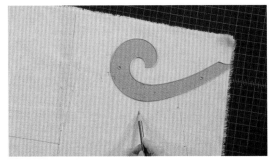

步骤5A

接下来，需要通过连接三个袖窿点来完成袖窿曲线：降低、延长后的袖窿点，袖窿臂板螺钉水平点和肩线与袖窿的交点。

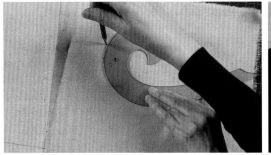

步骤5B

用曲线板连接三个点，然后画顺袖窿弧线。

步骤6A

现在添加缝份，从领口处开始增加1.3cm，确保领口在前中处成直角。由于试衣需要，此处增加的缝份比工业标准更多。这些将会在最终样板中调整。

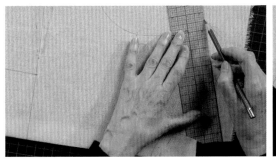

步骤6B

肩线增加2.5cm的缝份。

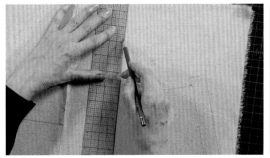

步骤6C

然后在袖窿处增加1.3cm的缝份，确保袖窿在侧缝处的合适位置。

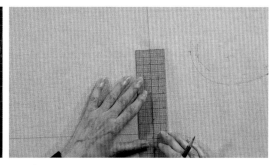

步骤7A

将尺子的中心线放在省道的中心线上，将尺子的短边与侧缝处的省道入口标记对齐。

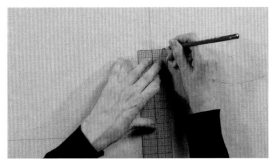

步骤7B

如图所示，在侧胸省道的两端做标记。

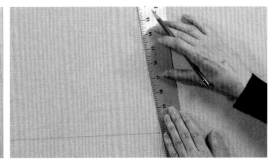

步骤7C

接下来，修正省道。沿着省道标记，将曲线尺放在较低的省道入口标记点和省尖点位置，注意曲线尺上较低省道入口标记处的数字。

步骤7D

现在从省尖点开始到省道入口标记约2.5cm处画省道下半段。

小技巧：

剪去袖窿处多余的白坯布时，注意不要剪去侧缝处的面料。

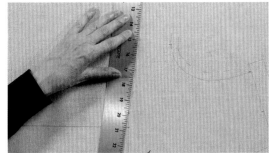

步骤7E

接下来，翻转曲线尺，用曲线尺上相同的数字对齐上省道入口标记点。

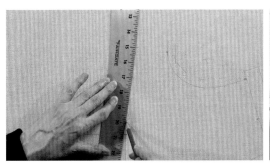

步骤7F

现在从省尖点开始到省道上入口标记约2.5cm处画上省道下半段。

步骤8

修剪掉领口、肩部和袖窿处多余的白坯布。如图所示，当裁到侧缝的袖窿末端时，一定要直线带过。

250

步骤9A

闭合侧胸省道，用手指按住下省道线。

步骤9B

将省道在中点固定，并与省道接缝成直角，省道入口白坯布向下。

步骤9C

继续将省道闭合，对齐省道入口标记点。

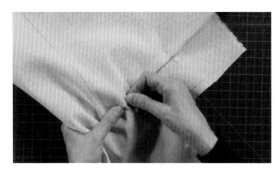

步骤9D

继续钉侧胸省，直至省尖点。在该点放置一个平行于接缝的大头针。

步骤10A

将前片重新穿回人台上。必须把肩部针脚平贴在肩缝上，这样就可以把后片搭在前片的肩上。

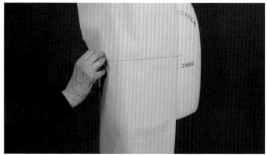

步骤10B

将前片的侧缝及前中线固定在人台上，将所有关键区域固定，就像最初立裁时一样，直至侧缝与臀围交叉点。

小技巧：

使用两个大头针固定立裁的面料，有助于将该区域进一步固定在人台上。

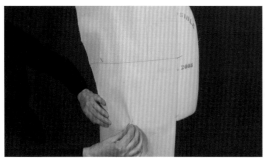

步骤10C

在侧缝与臀围交叉处，沿着侧缝将白坯布抚平，并在人台底部捏起一小撮。

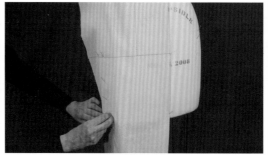

步骤10D

然后在离侧缝2.5cm处，从臀部到人台底部，在袖窿到侧缝区域放置一系列大头针临时固定。

步骤11

取下袖窿和臀围处固定侧缝的大头针。然后沿着侧缝翻折白坯布。之后在袖窿和臀部放置大头针临时固定，为立裁后片做准备。

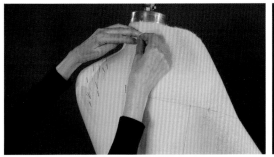

步骤1

将后中线处2.5cm余量折叠，并用手指按压，对齐人台与白坯布的后中线与肩胛线交叉点和领口线。

步骤2

将白坯布抚平穿过肩胛线，并在肩部插一个大头针临时固定。

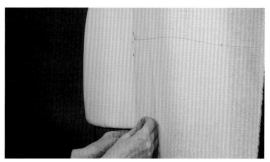

步骤3

在后中线与臀部、人台底部的交叉处各插入一个大头针。

小技巧:

注意用标记带底部固定和标记前后臀围线时，位置要始终保持一致。

步骤4

在侧缝与臀围交叉处，插入一个大头针固定。确保大头针插在标记带的底部。

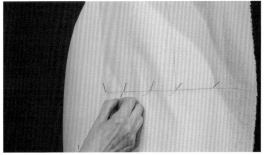

步骤5

用双针固定臀围线和背部纵向对标线的交点，然后继续沿着臀围线朝后中方向用双针固定。注意大头针要均匀分布。

步骤6A

就像前片一样，在背部纵向对标线上创建直筒状外观。为此需要在后袖窿弧线上固定肩胛骨宽度，大头针要钉在肩胛骨水平标记带的底部。

步骤6B

用双针固定肩胛骨和后片纵向对标线的交点。

步骤6C

沿着肩胛骨用双针固定，大头针要均匀分布。确保后片纵向对标线垂直挂下来，并且裙子的形状是直筒状的。

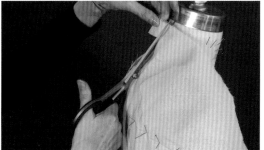

步骤7A

移到后裙片的顶部，在后领围上方裁一块2.5cm×2.5cm宽的白坯布。

步骤7B

沿着后领围在白坯布上打剪口，以释放颈部的白坯布。注意不要剪得太远。

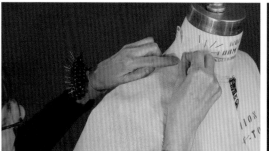

步骤8A

在肩部与领口交叉处插入一个大头针。

步骤8B

在后公主缝处将形成省道。

步骤8C

在肩胛线和公主线的中间捏起一小撮白坯布，直接在肩胛线正上方位置固定松量。

步骤8D

用手指捏起大约6mm的松量，形成后肩省道。将省道直接与肩线和公主线的交点相连形成一条直线。

步骤8E

需要在公主线和肩部袖窿的中间捏起一点松量，并在中间固定。

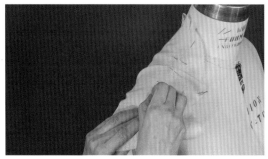

步骤8F

将白坯布拉到前面的肩膀上，用双针固定，再插入另一个大头针固定肩线与袖窿的交叉点。

步骤9A

移到背面接缝处，检查背部纵向对标线是否从肩胛骨水平线处笔直平稳地下垂。在侧缝与袖窿交叉处插入大头针固定。

步骤9B

在侧缝的左侧添加额外的大头针固定，以创建直筒状外观。

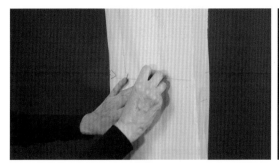

步骤10A

固定背部纵向对标线和侧缝之间的臀围线。

步骤10B

在臀围线下放置一个大头针，在人台底部捏起一个6mm的松量，就像在前片做的一样。

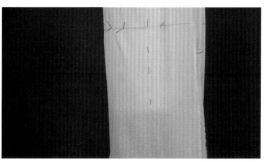

步骤10C

从臀围线到人台底部，在离侧缝约5cm处用大头针固定。

步骤11A

取下臀围处和前后片侧缝袖窿处的大头针，在袖窿处将侧缝钉在一起。

步骤11B

打开前后片侧缝白坯布进行检查，确保在侧缝处已经固定好。

步骤11C

对齐前后片臀部宽度标记，在臀部将前后侧缝钉在一起。

步骤11D

现在沿着人台的侧缝将侧缝对齐，然后用大头针固定侧缝与人台底部的交叉点。

步骤11E

在臀围线以下，沿着侧缝固定多余白坯布。

步骤11F

将臀围线以上多余的白坯布抚平，将侧缝处多余的白坯布钉在一起。

步骤11G

当把各层钉在一起时，用手轻拍侧缝多余的白坯布有助于保持侧缝平整。

步骤11H

注意前后侧缝边缘从省道到底边是如何对齐的。两边应该是相等的，或者从侧胸省到下摆距离相等，这样才能对齐侧缝的布纹。如果需要在侧缝对齐条纹或格子，这一点很重要。

模块10：
标记后片轮廓线

步骤1A

从前中线与人台底部的交点处开始标记。

步骤1B

在人台底部画十字标记前后片的侧缝。

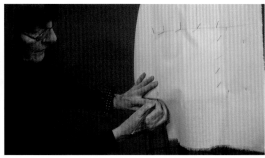

步骤1C

用线段标记后中线与人台底部的交点。

步骤2

移动到侧缝，在后侧缝与袖窿交叉处画十字标记。

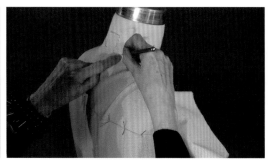

步骤3

用线段标出后中线与领围线的交点，然后继续沿着领围线画点标记，直到肩线。

步骤4A

在肩线与领围线交叉处画十字标记，然后沿着肩线画点，直到肩省位置。

步骤4B

在肩省的两边画十字标记。

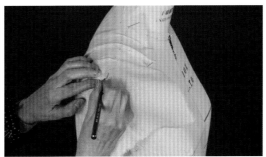

步骤4C

继续沿着肩线画点，并在肩线与袖窿交叉处画十字标记。

步骤5

沿着后袖窿弧线画点标记，直到到达肩胛骨水平线。

步骤6

检查后片的所有关键区域是否已经标记，然后取下裙片，为修正做准备，保持前后片的侧缝别在一起。

小技巧：

在从人台上取下裙片之前，记得检查一下所有的标记。

模块11：
修正样板

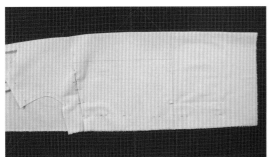

步骤1

将钉好的白坯布平放在桌子上，正面朝上。

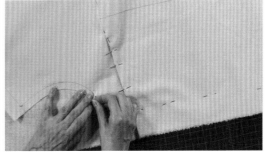

步骤2A

重新固定侧缝袖窿处的大头针，使其与侧缝成直角，为修正侧缝做准备。

步骤2B

重新固定侧缝与臀围交叉处的大头针。

小技巧：

当在侧缝添加裙褶时，注意在下摆处不要添加超过5cm的褶量，否则将影响侧缝的造型。

步骤2C

重新固定侧缝与人台底部十字标记处的大头针。

步骤3A

接下来，用直尺画一条线，连接袖窿标记点到侧缝处的下摆标记点。形成裙子的侧缝。

步骤3B

如果想要A字廓型，那么将尺子以袖窿标记点为中心向外旋转需要的下摆张开量。

小技巧：

对于无袖连衣裙，将袖窿下放1.3cm，下摆向外延伸0~6mm。对于有袖子的连衣裙，袖窿下放2.5cm，下摆向外延伸0~1.3cm。

步骤3C

另一个方式是用曲线尺来画侧缝，先塑造胸部区域的侧缝，然后在下摆张开。

步骤4

将一张描图纸面朝上放在侧缝下面，用滚轮将前侧缝描画到背面。当描画底边到袖窿时，重新放置描图纸。

步骤5A

描摹侧缝与袖窿的交点。

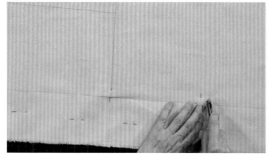

步骤5B

同时描画侧缝与人台底部交叉处的十字标记。

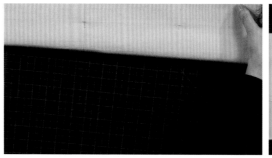

步骤5C

将白坯布翻转到后片，检查是否已经成功描摹到所有标记。

步骤6A

现在从袖窿到下摆在侧缝上增加2.5cm的缝份。

步骤6B
修剪掉侧缝处多余的白坯布。

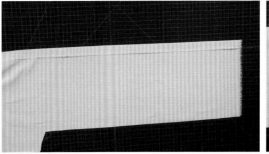

步骤6C
取下侧缝处的大头针，将前片与后片分开，为修整后片做准备。

步骤7
将后裙片面朝上平放在桌子上，从后中部位量取直筒裙测量表中记录的"后中到公主线"的距离。沿肩胛线在测量处做一个标记。

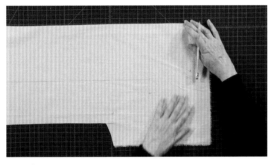

步骤8
取下肩部的大头针，用手抚平该区域，使其平放在桌子上。

步骤9
在后中领口画一个1.3cm的线段。

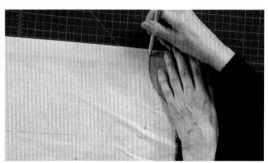

步骤9B
用曲线板来修正后领口的曲线。

小技巧：
需要把修正线延长到接缝以外。

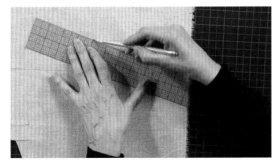

步骤9C
修正后肩省，将最靠近后中的省道入口标记点与背部公主线标记点连接画线。

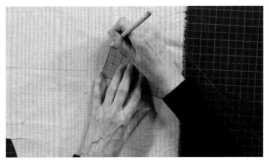

步骤9D
从肩部省道入口标记点向下测量7.5cm，并标记为省尖点。

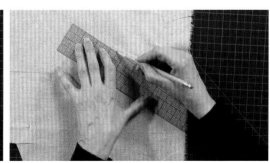

步骤9E
将省尖点与另一侧的省道入口标记点连接起来，完成肩部省道。

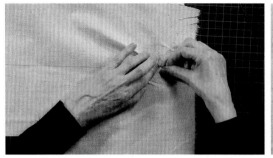

步骤9F

现在用手指按住最靠近后中的省道边线，将省道闭合用大头针在肩胛线上固定，如图所示，将省道多余的白坯布朝向后中方向。

步骤10A

从肩部省道到领口，用曲线尺修正后肩线。

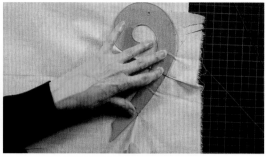

步骤10B

修正从肩省到袖窿处的肩线。

步骤11A

接下来，调整后袖窿弧线。使用曲线尺从侧缝与袖窿交叉点到肩胛骨水平线画顺。

步骤11B

然后翻转曲线尺，从肩胛骨水平线到肩线与袖窿的交点处画顺。

步骤12

在后领省处重新固定大头针，然后将省的其余部分在省尖点闭合。

步骤13A

接下来，添加缝份，从后颈部开始。给领围线增加1.3cm的缝份。

步骤13B

肩缝增加2.5cm的缝份。

步骤13C

然后在后袖窿处增加1.3cm缝份。同样，由于后期需要试衣调整，故增加了比工业生产标准更大的缝份。但在最后的样板制作过程中，一旦服装经过试衣调整，就会对缝份进行调整。

步骤13D

沿着后颈部、肩部和后袖窿修剪缝份处多余的白坯布。

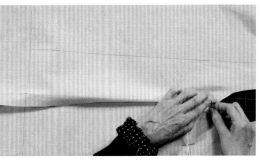

步骤14A

现在，连接前裙片和后裙片的侧缝。从袖窿处开始，将后片侧缝余量折叠在下面，并将后片钉在前片上。

步骤14B

接下来对齐前后臀围线并固定。

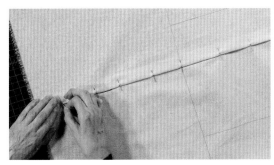

步骤14C

如图所示，继续将侧缝钉在一起，直到达到折边标记，确保将大头针插入折叠处。

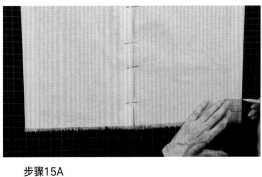

步骤15A

下一步标记裙子底边折边长度。从前片的前中线底边边缘向上量取4.5cm。

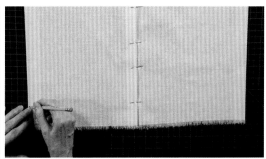

步骤15B

在后片的后中线底边重复此操作。

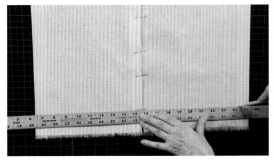

步骤15C

现在用直尺把前后片底边连接起来。

步骤15D

给底边添加3.8cm的折边余量并标记。

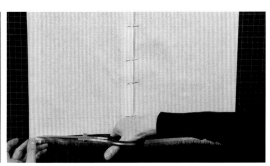

步骤15E

沿着底边修剪掉多余的白坯布。

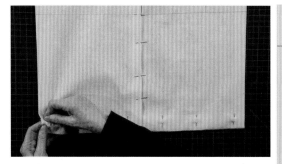

步骤15F

用手指按住折边，用大头针将折边别住，使针与折边成直角。

自我检查

☐ 是否准确地测量了人台尺寸？

☐ 是否在裙片上画辅助线？

☐ 侧胸省位置是否正确？

☐ 侧缝结构是否平衡 ？

☐ 后领省是否朝后片公主线标记倾斜？

模块12:
最后的工作

步骤1A

接下来，从领口开始将后肩线钉在前肩线上。固定时使大头针与肩缝成直角。

步骤1B

对齐肩省并固定，使其与前肩上的公主线标记对齐。

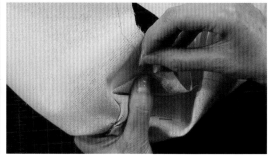

步骤1C

现在对齐前片和后片的肩线与袖窿的交叉点并固定。

步骤1D

继续固定肩部，在两端均匀分配松量。

步骤2A

最后，把裙片重新穿回人台，在关键点处用大头针固定。

步骤2B

现在已经完成了一件直筒连衣裙。

A sheath dress in red lace with a pegged skirt hem and fitted sleeves. Michael Kors, Fall 2012.

紧身连衣裙

学习内容

☐ 在人台上标记领口线的位置；

☐ 测量人台尺寸并准备白坯布，用大头针将多余的白坯布暂时固定使其自然悬垂，并平衡两端侧缝的位置；

☐ 试身：确定前后腰省的位置和长度以塑造服装版型，前后省道须相匹配，从而使外观协调；

☐ 添加标记，使样板更贴近人体，并添加缝份。

布料：
- 平纹细布（中等厚度棉布/白坯布），1.8m。

模块1：
准备裙装规格表

步骤1

首先，用标记带在人台上确定参考线和领口造型线。从左胸高点到右侧接缝标记为胸围线，保持标记带与地面平行，然后开始标记领口弧线。

步骤2

完成想要的领口造型线的标记，包括前片和后片。

步骤3

肩胛骨位于领口与中腰之间的距离的1/4处，用标记带标记使其呈水平位置。将标记带从后中绕回到肩端点，并确保此线与地面平行。

步骤4A

现在，将造型线从腰线下移18cm。

步骤4B

将直角尺抵在桌子上，检查臀部造型标记带是否与地面平行。

模块2：
测量人台尺寸

步骤1

准备前衣片，请测量从领口至想要的裙长之间的距离，再增加7.5cm即为前衣片长，将此测量值记录在紧身连衣裙规格尺寸表中（见第264页）。

步骤2A

接下来测量前胸宽，在胸围线位置，测量从侧缝到前中线之间的距离。

步骤2B

测量从前中到侧缝之间的距离，将该尺寸与臀围进行比较，选择两个尺寸中较大的一个，再增加10cm即为前片宽，记录该测量值。

步骤3

对于后片，测量从领口到想要的裙长度之间的距离，再增加5cm即为后衣片长，记录该测量值。

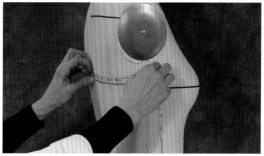

步骤4A

首先找到后背最宽的部分，测量从后中到腋下侧缝之间的距离。

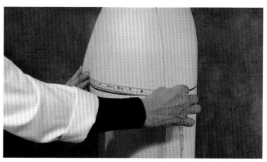

步骤4B

然后测量袖窿下从后中到侧缝和臀围线上后中到侧缝之间的距离，取两次测量的较大值再增加10cm即为后衣片宽，记录该测量值。

模块3：
准备白坯布

步骤1A

按照从人台上提取和记录的测量值准备前后衣片。在白坯布上测量后衣长的相应尺寸，然后撕下该长度的白坯布，切记要先剪掉布边（见第43页）。

步骤1B

按照宽度测量值撕下相应宽度的白坯布片。

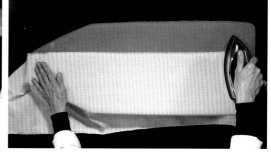

步骤2

首先，在不使用蒸汽的情况下熨烫前后衣片，使边缘变平，始终沿着布纹丝缕方向熨烫。待这面整烫完毕后，再将衣片翻转过来熨烫另一面。

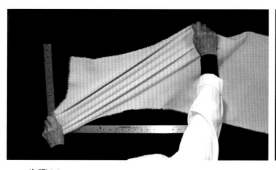

步骤3A

使用直角尺挡住前后片（见第43、44页），使衣角和丝缕彼此成直角。可拉扯布角将衣片调整至完美状态。

步骤3B

将衣片翻转过来检查另一边是否为直角。立裁时衣片布纹线必须笔直，这一点至关重要。

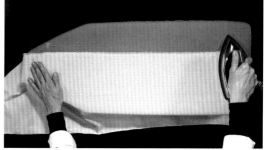

步骤4

待衣片完美分块后，便可使用蒸汽进行最后一次熨烫。

紧身连衣裙规格尺寸表

衣片	单位	cm
前衣片长（前领口至所需的连衣裙长度）+7.5cm		
前衣片宽（胸围线上侧缝到前中和臀围线上侧缝到前中的尺寸较大值）+10cm		
后衣片长（后领口至所需的连衣裙长度）+5cm		
后衣片宽（袖窿下后中到侧缝和臀围线上后中到侧缝的尺寸较大值）+10cm		
身体测量部位		
前颈口到胸围（前领口顶部到胸围）		
胸高点至前中线（在胸围处测量）		
胸高点至侧缝+3mm松量		
胸高点至臀围线		
肩胛骨位置（位于后领口和腰围之间$1/4$处）		
肩胛骨宽度（沿肩胛骨水平方向测量，从中间到后臂板）+6mm松量		
肩胛骨至臀线（在后中处测量）		

女装袖窿深：

肩、袖孔交叉到侧缝、袖孔交叉（紧身线）

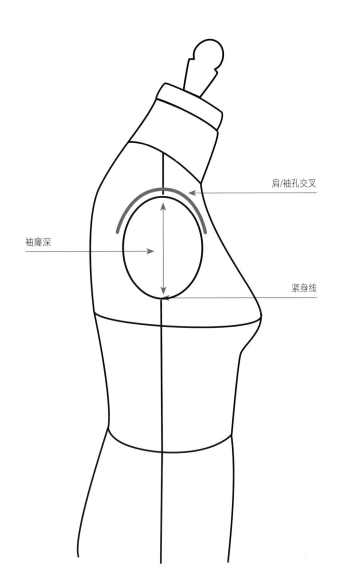

肩/袖孔交叉

紧身线

袖窿深

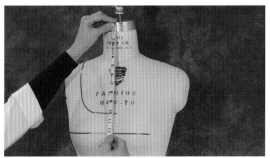

步骤1A

在标记衣片时，需要将前领到胸围线间的几个尺寸记录在表格中。

步骤1B

测量胸高点到前中线的距离。

步骤1C

测量胸高点至侧缝的距离，再加3mm松量。

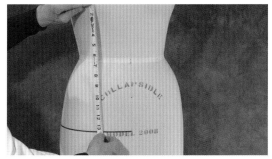

步骤1D

测量胸高点至臀围线的距离。

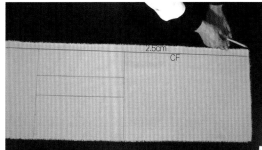

步骤2

从前片顶端开始，距离衣片右长度侧边缘（此处图片旋转了，所以图中显示在照片上方）2.5cm，向下画线，即为前中线。

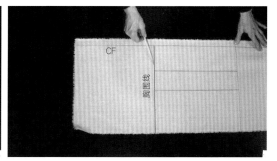

步骤3

从衣片的顶部开始，沿颈带向下测量并画线，即为胸围线。

步骤4

从胸高点测量向下到臀线并画线，即为臀围线。

步骤5A

从前中心线开始，测量胸围线到胸高点的距离，并做标记。

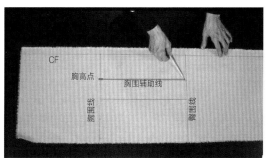

步骤5B

从标记的顶点开始，向下作胸围辅助线直到臀围线。

步骤6

测量胸高点到侧缝的距离，再加3mm宽，在胸围线上做标记，即侧缝。

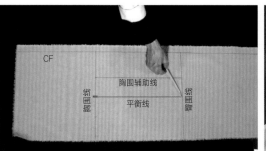

步骤7

在胸围线上将侧缝和胸高点之间的距离除以一半，然后从该点向下拖动画出一条线，即为水平基准线。

步骤8

对于后片，测量从颈部到肩胛骨的距离，记录该测量值。

步骤9

测量从后中到后臂板之间的肩胛骨宽度，再加6mm松量，记录该测量值。

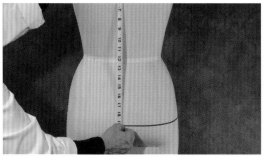

步骤10

沿着后中线，测量肩胛骨水平线到臀围线的距离，记录该测量值。

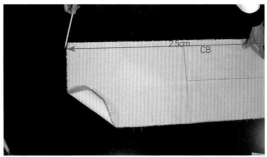

步骤11

从后片顶部开始，距离左侧边缘2.5cm，向下画线，即为后中。

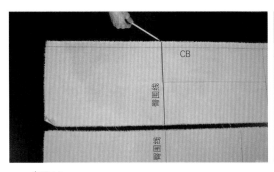

步骤12

把后片放在前片旁边，并在与前片底部相同的距离处转移臀部辅助线，即为后臀围线。

步骤13

在后臀围线上，穿过肩胛骨到臀围线之间的距离画线，即为背宽线。

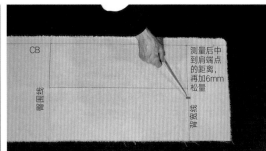

步骤14

在背宽线上，测量后中到肩端点的距离，再加6mm松量，做标记。

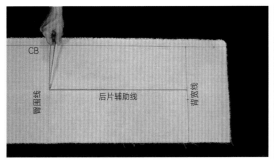

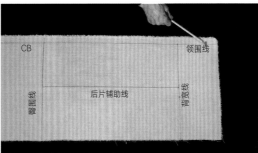

步骤15

在背宽线上，从袖窿向后中测量3cm，并把一条辅助线降到臀围线，即后片辅助线。

步骤16

在后中线上，测量从背宽线到领口的距离，并做标记。

步骤17

标记完所有的衣片，便可熨烫整理衣片，为立裁做准备。

步骤18

翻折前后衣片的2.5cm缝份并用手指按压，切勿熨烫此折痕，以免拉伸白坯布。

模块5：
立裁前片

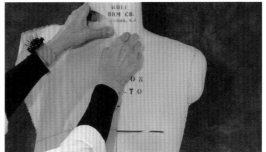

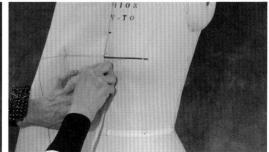

步骤1

将前片白坯布上标记的胸高点与人台的胸高点对齐，并用大头针固定，然后开始立裁。

步骤2

将前中到领口间固定，使白坯布的胸围线与人台的胸围线对齐。

步骤3A

固定胸围线到臀围线间的前中部时，确保胸部有放松量（即不要将白坯布平铺在两胸高点之间的区域）。

小技巧：

在辅助线的上方或下方立裁时，交替固定可以使白坯布固定在适当位置。

步骤3B
在臀围和人台末端用大头针固定。

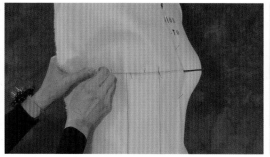

步骤4
沿着标记带顶部边缘的腰围线，用大头针将胸高点到侧缝之间固定，应交替固定以便于立裁时稳定白坯布。在胸高点和侧缝之间留出3mm松量。

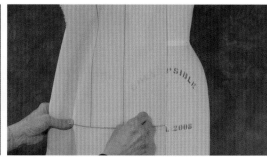

步骤5
拉平臀围线至胸围线间水平基准线处的白坯布，并在标记带顶端边缘别一个大头针。

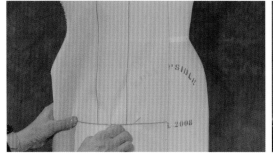

步骤6A
在胸围线与水平基准线之间放3mm松量。

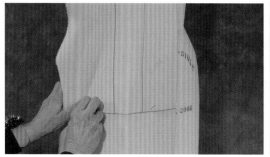

步骤6B
在侧缝与臀围线交叉处别一个大头针。

步骤6C
在侧缝与人台末端交叉处别一个大头针，并确保白坯布在人台底部留有松量。

步骤7A
现在，移至颈部区域。拉平领口周围的白坯布，并用大头针固定肩部与领口交叉处。

步骤7B
从肩部到前中，沿着领口别一排大头针。

步骤7C
去掉前中领口上方固定的大头针，然后在距离领口约2.5cm处剪掉多余的白坯布。

步骤8

将胸部区域的白坯布铺平，然后在肩部和袖窿交叉处别一个大头针。

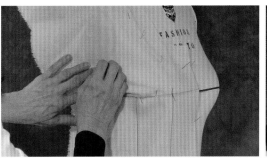

步骤9

将白坯布下拉盖在袖窿区域并铺平，然后在袖窿与侧缝交叉处别一个大头针。

步骤10A

将胸围水平辅助线上的大头针移至距离胸高点2.5cm处。

步骤10B

用多余的量做侧缝省道，胸围水平辅助线即为省道中心轴线。

步骤10C

将省道直接固定在侧缝处。

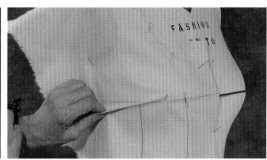

步骤10D

水平基准线将帮你形成一个很好的矩形。

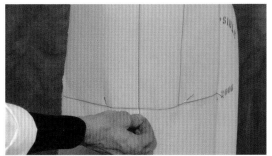

步骤10E

在臀围线与水平基准线交叉处别一个大头针。

步骤10F

在水平基准线上固定胸省，并确保已经形成了矩形。

小技巧：

立裁一件紧身连衣裙时，从形成矩形开始很重要。将前后片折叠成一个四方形的轮廓时，就可以在腰围处做一点造型，或者在侧缝处加一些褶边。

步骤1

开始标记前片。在前中线与领口交叉处画一条短线，然后沿着领口画点直到肩部。

步骤2

十字标记肩部与领口交叉处。

步骤3

十字标记肩部与袖窿交叉处。

步骤4A

绕着肩端点画点，直到达到臂板上螺钉的高度。

步骤4B

在袖窿与板螺钉高度上做一个十字标记。

步骤5

在腋下和侧缝交叉处做十字标记。

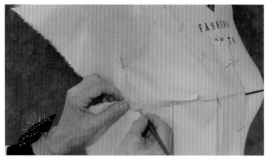

步骤6A

在侧缝两侧标记胸省。

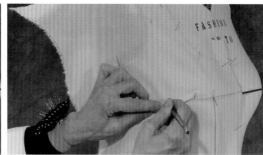

步骤6B

在胸围线上标出省道的两边。

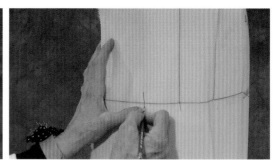

步骤7

十字标记侧缝与臀围交叉处。

步骤8

十字标记侧缝与人台末端交叉处。

步骤9

十字标记前中与人台末端交叉处。

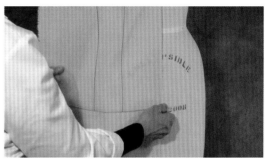

步骤10

从人台上取下前片之前，确保已完成所有标记点。

模块7：
修正前片样板（第一部分）

步骤1

将立裁的前片面朝上放在桌子上，开始修正。在离胸高点2.5cm处做一个标记，即为胸省省尖点。

步骤2A

将白坯布沿胸围线对折，调整胸围省道大头针的方向，使它们与折叠线成直角。

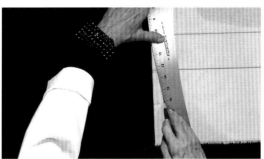

步骤2B

用臀部曲线尺连接从省尖点到侧缝标记点之间的省道标记点。

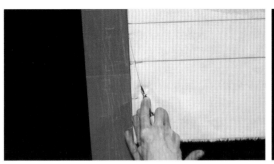

步骤2C

将拷贝纸正面朝下放到省道下方，然后将省道边放到另一侧。

步骤2D

检查拷贝是否成功。

步骤2E

移除省道上的大头针。

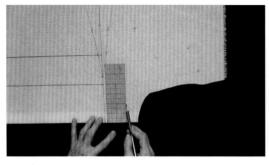

步骤3A

在领口处，距离前中5cm处画一条垂线。

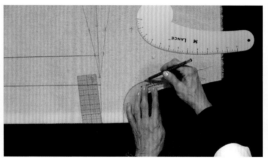

步骤3B

用造型曲线尺和法式曲线板连接领口标记点。

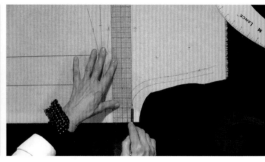

步骤3C

用透明直尺给领口加1.3cm的缝份。

步骤3D

修剪领口处多余的白坯布。

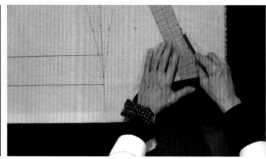

步骤4A

从肩部到领口，完美贴合肩部接缝。

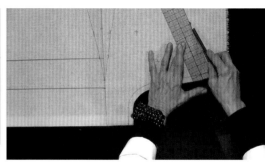

步骤4B

给肩部接缝增加2.5cm缝份。

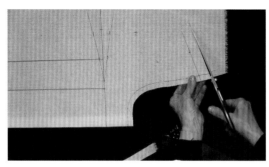

步骤4C

修剪肩部多余的白坯布。

步骤5

在袖窿处修剪掉一块矩形布，使其在袖窿2.5cm范围内，并与臂板螺钉水平位置成直角。

步骤6A

合胸省，用手指按压省道底部。

步骤6B

从侧缝到省尖点，将省道底部用大头针固定。

步骤7A

然后将衣片像立裁时一样穿回人台。

步骤7B

将大头针插进人台，使其在肩部接缝处变平，为立裁后片做准备。

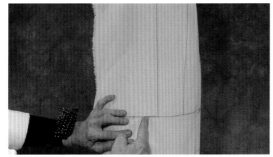

步骤8A

在距离侧缝、袖窿，侧缝、臀线和侧缝、人台躯干末端交叉点2.5cm处各固定一排大头针。

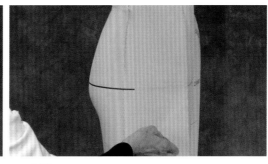

步骤8B

将侧缝折叠到前面，顶部和底部用大头针固定，为立裁后片做准备。

小技巧：

当固定水平方向的胸省时，省道量通常倒向下方。对于垂直方向的省道如腰省，则倒向中心线方向。

模块8：
立裁后片

步骤1A

将白坯布铺在人台后背上，并在后中线和领口交叉处用大头针固定。

步骤1B

沿着标记带顶部边缘固定肩胛骨和后中线交叉处。

步骤1C

在肩胛骨和肩端点交叉处别一个大头针。

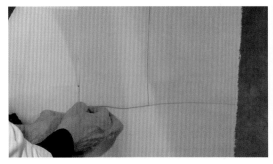

步骤1D

大头针固定后中和臀围交叉处。

步骤1E

在后中和人台躯干末端交叉处用一个大头针固定。

步骤2

在标记带的顶部，沿着肩胛骨水平方向交替大头针固定，归整辅助线和后中之间的松量。

步骤3

用大头针固定臀围和辅助线交叉处，归整辅助线和后中线之间的松量。

步骤4A

将臀围辅助线对准人台上的臀围线，大头针固定臀围线和侧缝交叉处。

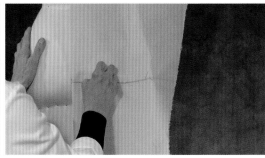

步骤4B

交替用大头针固定臀围线，归整针与针之间的松量。

步骤5

用大头针固定侧缝与人台躯干末端交叉处，确保后中线和侧缝之间有相应的放松量。

步骤6

移至领口区域，拉平肩部的白坯布，大头针固定领口与肩部交叉处。

步骤7

在肩缝中点的正上方捏一撮松量并用针固定。

步骤8

轻轻拉平肩部区域的白坯布，然后用大头针固定肩部线和袖窿交叉处。

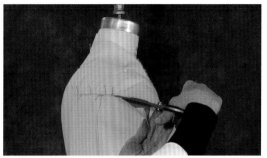

步骤9A

在连接前后侧缝时，请在肩胛骨高度处切入辅助线，使其距后肩端点2.5cm以内。

步骤9B

修剪多余的白坯布，使其距离后袖窿不超过2.5cm。

小技巧：

如果打算使用条纹或格子面料，则纹理线必须始终与侧缝下方的胸省匹配并保持平衡。

步骤10

在腋下形成一个矩形，然后用大头针固定侧缝与腋下交叉处。

步骤11

移除前片固定的大头针，在腋下交叉处使前后侧缝对齐，然后将其固定在一起。

步骤12A

侧缝必须在胸省下方到白坯布下边缘之间都互相匹配。如果不匹配，可通过给予放松量来调整。侧缝必须平衡，这一点很重要，尤其是搭配条纹或格子面料时。

步骤12B

平衡侧缝后，将前后片臀围线固定在人台上。

步骤12C

将前后片位于人台躯干末端的边缘固定在一起。

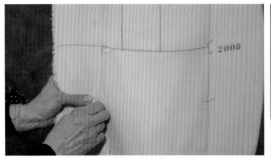

步骤1

从省道到人台躯干的末端，将前后片侧缝固定在一起，距离人台侧缝大约5cm。

步骤2

沿着臀围线移除大头针，为裙子设计造型做准备。

步骤3A

首先放置一个大头针，使白坯布与后腰线轮廓一致。

步骤3B

重新大头针固定腰部到躯干末端，注意臀围辅助线会上移。

步骤4A

现在，后片形成两个腰省。在后片腰围辅助线处捏出2cm的量形成第一个省道，用大头针固定。

步骤4B

第二个背部省道形成于水平基准线和后中之间，省道宽约2cm，用大头针固定在腰部。

步骤4C

用手指按压腰围线上下的背部省道。

步骤5A

在前片重复这一过程，首先重新定位前中大头针，使白坯布在腰部形成相应的轮廓。

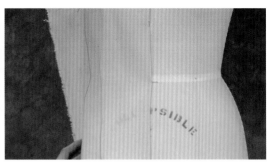

步骤5B

然后重新固定臀部和人台躯干处。

小技巧：

前后片腰省的省道量大小应一致，前后腰的松紧度也应一致。

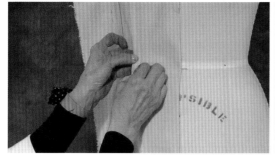

步骤6A

前片腰部有两个省道。在胸围辅助线水平上的腰围线上捏出1.3cm量的第一个省道。

步骤6B

第二个省道是在前片水平基准线上形成的，在腰线上捏取1.3cm作为其省道量。省道量取决于腰部的宽度，以及想要的裙子合身程度。

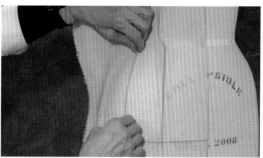

步骤6C

用手指按压腰围上下的省道。保持腰部与前后片在侧缝位置的合身程度一致，以达到服装的平衡。

步骤7A

接下来，在腰部调整好前后片侧缝并用大头针固定。

步骤7B

继续固定侧缝直到臀部。

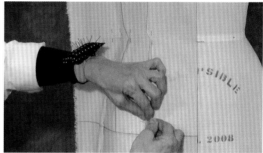

步骤8A

用手指按压前胸省，并在前胸省的省尖点固定一个大头针，距离臀线约2.5cm。臀部越丰满，省道越短。

小技巧：

腰省的长度取决于胸部和臀部的丰满程度。胸部越丰满，臀部越宽，则省道越短，反之省道越长。

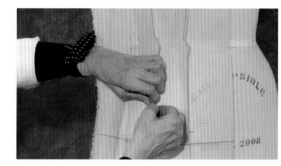

步骤8B

由于臀部较高，位于前片水平基准线上的省道较短，在臀线上方5cm处结束。

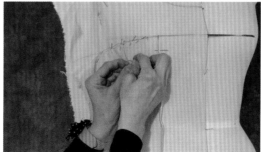

步骤9

腰部上方的省尖点位置取决于胸部的丰满度，但距离胸高点不能小于1.3cm。在你认为省道应该消失的地方固定一个大头针。胸部越丰满，省道越短。

步骤10A

用手指按压后片水平基准线处的省道，并在省尖点处固定一个大头针。由于臀部较高，这种背部省道比中间省道短。

步骤10B

用手指按压背部中间的省道，然后用大头针标记省尖点。这种腰部省道省尖点距离臀围线不应小于2.5cm。

小技巧:

腰部省道的终点距离臀线不应小于2.5cm，胸部省道的终点距离胸高点也不应小于1.3cm。

模块10:
标记前后片侧缝

步骤1

开始标记后片。在后中与领口交叉处画一条短线，继续沿着领口画点。

步骤2A

在领口与肩线交叉处做十字标记。

步骤2B

沿着后片肩部画点。

步骤2C

在后肩线与袖窿交叉处做十字标记。

步骤3

用红笔在后片的侧缝与袖窿交叉处画一个十字标记。

步骤4

沿着腰部标记带的中心十字标记后腰线。

步骤5

在腰部标记带的中心处十字标记后腰省道的两侧。

步骤6

在后中腰线交叉处的标记带中心画一条短线。

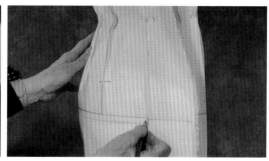

步骤7A

在后片侧缝与臀围线交叉处做十字标记。

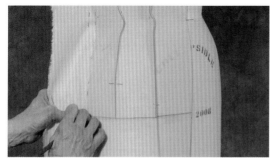

步骤7B

然后在前片侧缝与臀围交叉处做十字标记。

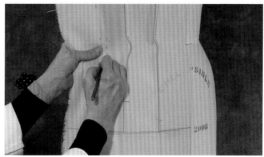

步骤8

标记臀围到腰围之间的侧缝。

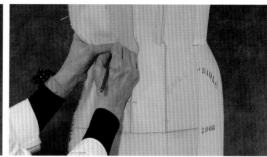

步骤9

在腰部标记带的中心处十字标记前片腰围线。

步骤10

在前侧缝与腋下交叉处做十字标记。

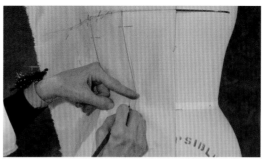

步骤11

现在，在腰部标记带的中心处前腰省道的两侧做十字标记。

步骤12

在前中处的腰部标记带中心画一条短线。

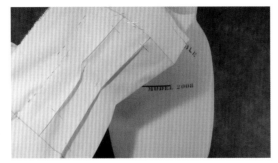

步骤13

将立裁的衣片从人台上取下之前，确保已完成所有的标记点，保持前后侧缝固定在一起。

模块11：
修正侧缝和前片样板（第二部分）

步骤1

将立裁的前片正面朝上，首先调整侧缝上大头针的方向，使它们与接缝成直角。把针点留在适当的位置，这样衣片就不会滑动或分离。

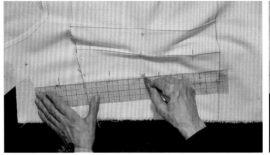

步骤2

用红笔和透明尺将腋下连接到腰部（即紧身衣的公主线）。

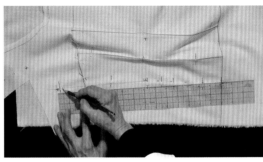

步骤3A

将袖窿放低1.3cm做一件无袖连衣裙，并做标记。

小技巧：

对于带袖连衣裙，将袖窿降低2.5cm，并将侧缝延长1.3cm。

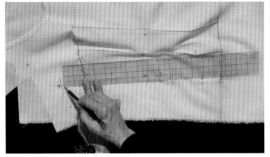

步骤3B

将放低后的袖窿标记点延长6mm做另一个标记，即为胸部的松量。

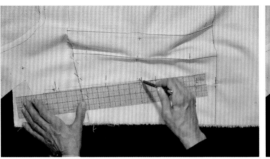

步骤3C

从延长后的标记点连接至腰围，即为新侧缝。

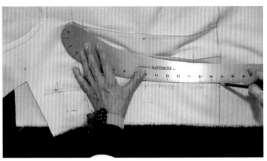

步骤4

在侧缝处用臀部曲线板连接臀部与臀围线。

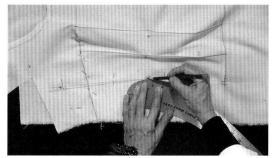

步骤5

用臀部曲线板重新画顺腰围线。

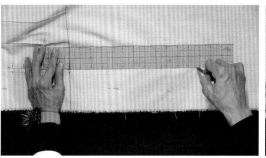

步骤6

用透明尺画一条与臀围线垂直的线形成侧缝。

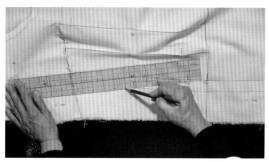

步骤7

给下摆到袖窿之间的侧缝增加2.5cm的缝份。

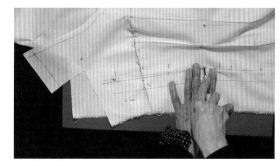

步骤8A

将复写纸正面朝上放在侧缝下方，并用滚轮描出腰部的标记点。

步骤8B

描出公主线和降低并延长后的袖窿标记点。

步骤8C

描出新侧缝。

步骤8D

描出臀围线到腰围线之间的侧缝。

步骤8E

描出底摆到臀围线之间的侧缝。

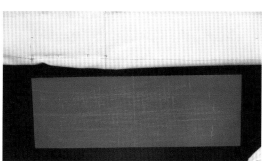

步骤8F

将衣片翻开检查拷贝是否成功。

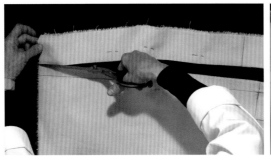

步骤9

修剪侧缝处多余的白坯布。

步骤10

移除侧缝上的大头针，将前后片分开。

步骤11A

标记前片腰部上方的省尖点，移除大头针。

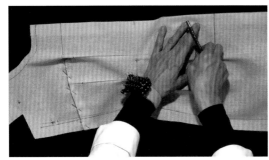

步骤11B

标记前片腰部下方的省尖点，移除大头针。

步骤12A

接下来将修正前腰省。首先将胸围辅助线上的省道正面朝上放置在折痕处，小心地调整大头针的方向，不要移动大头针位置，使大头针与省道成直角。

步骤12B

用透明尺连接省尖点和腰围线。

步骤12C

从腰围到省尖点，用臀部曲线板连接腰省下部。

步骤13A

将前基准线上的腰省正面朝上放在折痕上，重新调整大头针直到与省道成直角。

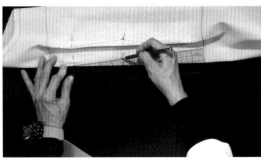

步骤13B

从腰围到省尖点，连接腰省上部。

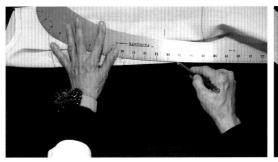

步骤13C

用臀部曲线板从腰围到省尖点连接下腰省。

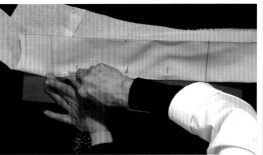

步骤13D

将复写纸面朝上放在水平基准线上的腰省下方，描出省尖点、省道缝线和省腰。

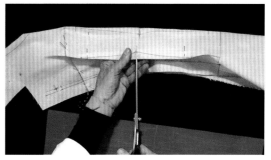

步骤13E

从腰部剪开两个腰省。

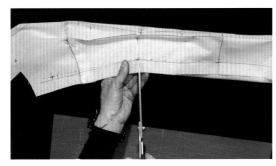

步骤14

从侧缝处剪开腰部缝份，这样可以释放更多白坯布，获得更好的贴合感。

步骤15

移除所有省道上的大头针，将立裁的衣片平整光滑地铺在桌面上。

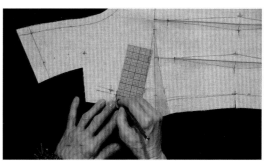

步骤16

在降低并延长后的侧缝上画出一条约为6mm的直线。

小技巧：

当修正前袖窿弧线时，可以一步画出平滑的曲线。如果不能，则需要重新确定造型线。

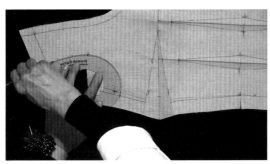

步骤17A

将法式曲线板放在袖窿上，使曲线位于肩部、袖窿板标记的中心和降低并延长后的袖窿上，画袖窿弧线。

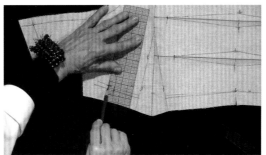

步骤17B

给袖窿增加1.3cm的缝份。

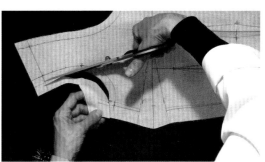

步骤17C

修剪袖窿处多余的白坯布。

步骤18A

用大头针缝合胸省，省道倒向上方。

步骤18B

在胸省的中间做一个切口标记。

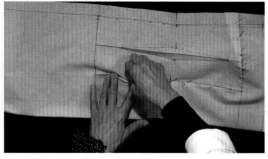

步骤19

用手指按压胸围辅助线的省道，并用大头针将其缝合，省道倒向前中。

步骤20

用手指按压水平基准线的省道，并用大头针将其缝合，省道倒向前中。

模块12:

修正后片样板

小技巧：

后腰省的省尖点不应在降低的腋窝高度以上，或距离臀部不低于2.5cm。

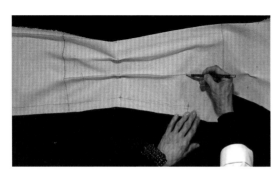

步骤1A

在与后片降低延长后的袖窿的相同高度上，标记出后片水平基准线上方腰省的省尖点。

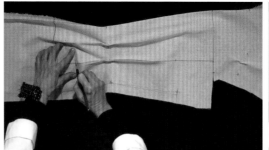

步骤1B

标记出后片水平基准线下方腰省的省尖点。注意该省道省尖点距离臀部不应低于2.5cm。

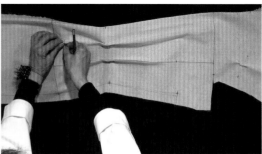

步骤2

标记中腰省道的下省尖点，移除大头针。

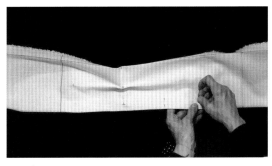

步骤3

将后片辅助线上的腰省正面朝上放在折痕上，用大头针别平，与折痕成直角。

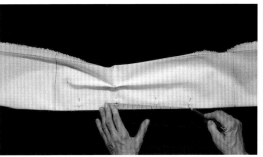

步骤4A

从腰围到省尖点，用尺子修正辅助线上的腰省上部。

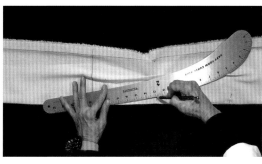

步骤4B

从省尖点到腰围，用臀部曲线板修正后片辅助线上的省道下部。

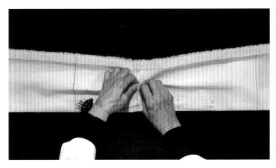

步骤5A

用手指按压腰部的中腰省，移除大头针。

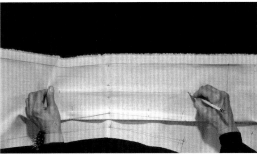

步骤5B

在后片中间省道的中心，将一条辅助线向上拖至与后片辅助线省道相同的高度。

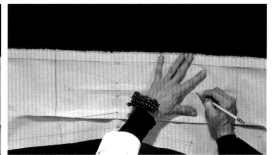

步骤5C

标记中间省道的省尖点。

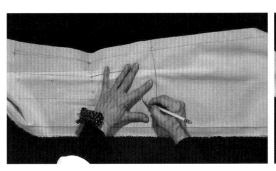

步骤5D

现在，将布纹线沿着中间省道的中心拖动到省尖点，并作标记。

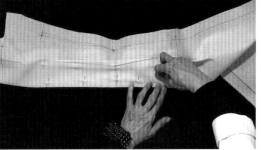

步骤5E

将后片的中间腰省正面朝上放在折痕上，用大头针别平，与折痕成直角。

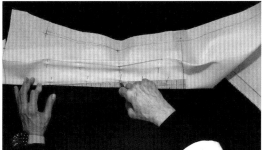

步骤5F

从省尖点到腰围，用尺子修正后片中间腰省的上部。

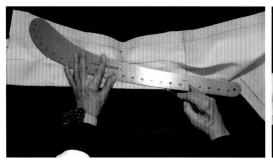

步骤5G

从腰围到省尖点，用臀部曲线板修正后片中间省道的下部。

步骤6

将复写纸正面朝上放在中间省道下方，描出省道的省尖点、缝合线，并居中对准另一侧。

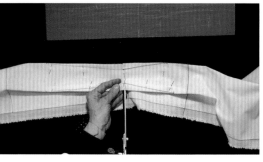

步骤7

在腰部剪开省道的缝份，释放出一些白坯布。

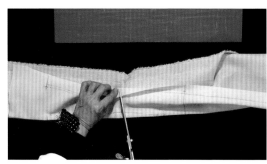

步骤8

在腰部剪开侧缝的缝份。

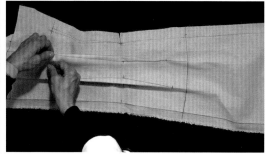

步骤9

移除大头针。

步骤10

移除后肩固定松量的大头针。

步骤11A

在后中领口处画一条2.5cm的直线。

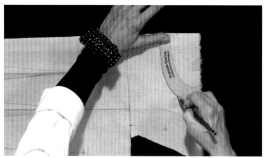

步骤11B

用法式曲线板修正领口曲线。

步骤11C

修正肩线。

步骤11D

给肩缝加2.5cm缝份。

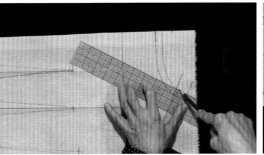

步骤11E

给领口加1.3cm缝份。

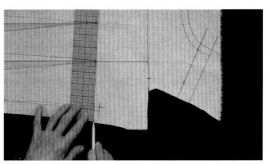

步骤11F

从降低延长后的侧缝处向衣身画6mm垂线，并将其延长至缝份。

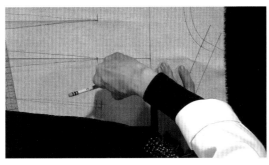

步骤12A

准备修正袖窿时，从肩胛骨与袖窿标记处将一条布纹线向下拖动5cm，这条辅助线将有助于修正下袖窿。

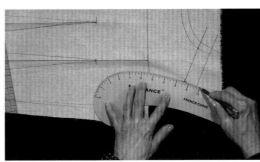

步骤12B

用造型曲线尺修正袖窿弧线。

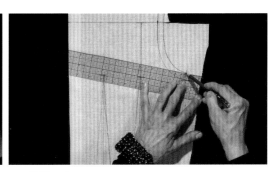

步骤12C

给袖窿加1.3cm缝份。

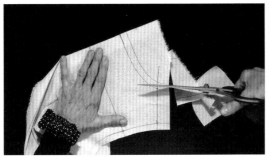

步骤12D

修剪袖窿、肩部和领口处多余的白坯布。

步骤13A

用手指按压最靠近后中的腰省缝线。

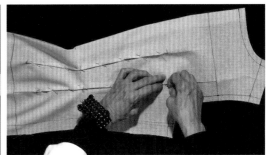

步骤13B

将两个腰省用大头针缝合，省道倒向后中。沿对角线方向插入大头针有助于使衣片在人台上更平整。

步骤1A

折叠后片侧缝处多余的缝份,然后用后片压住前片,将侧缝用大头针固定在一起。

步骤1B

从袖窿向底摆斜向用大头针固定,前后片的腰围和臀围要对应匹配。

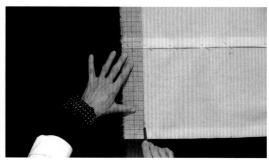

步骤2A

从距离衣片底部边缘5cm处画后中的垂线,形成底摆线。

步骤2B

从后中到前中一圈,斜向固定底摆。

步骤3

将后肩搭在前片上固定,松量夹在两大头针之间。

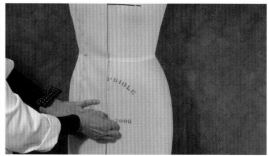

步骤4

将连衣裙像立裁时一样穿回人台上,匹配领围、腰围和臀围等关键点。

小技巧:

如果侧缝不平衡就调整一下。例如,如果后片向前移动,则从后片剪去白坯布并将其添加到前片,反之亦然。

步骤5

最后一步,检查侧缝是否平衡。捏袖窿处的侧缝时,要保证前后片有同样的松量。

步骤6

现在,紧身连衣裙的立裁完成。

自我检查

☐ 是否准备好立裁的白坯布,标记好立裁辅助线?

☐ 腰围前后是否有同样的松量?

☐ 有没有放低无袖服装的袖窿?

☐ 是否在侧缝处添加了正确的放松量?

法式省A字裙，前中装功能性拉链，迈克·柯尔，2015春夏

法式省A字连衣裙

学习内容

☐ 确定辅助线：在人台上标记V领和露背袖窿；

☐ 测量人台尺寸，准备白坯布。立裁时用大头针暂时固定多余的白坯布，平衡侧缝；

☐ 做一个加长的公主线，确定后腰省道的位置和长度，并形成侧缝；

☐ 添加标记，修正纸样，增加缝份。平衡侧缝并添加喇叭形褶皱，添加下摆。

布料：
- 平纹细布（中等厚度棉布/白坯布），长1.8m。

步骤1

立裁A字连衣裙的第一步是确定辅助线和造型标记线。用标记带从左胸高点到右侧缝形成胸围线，确保标记带与地面平行。

步骤2

在后片，颈部到腰部的1/4处即为肩胛骨位置。用标记带从后中到肩端点进行标记，平行于地面。

步骤3

标记V领、前片和后片。

步骤4

标记前后袖窿。

步骤5A

从腰围向下量取18cm标记臀围线。

步骤5B

用L形直角尺抵住桌面检查臀围线是否平行于地面。

模块2:

测量人台尺寸

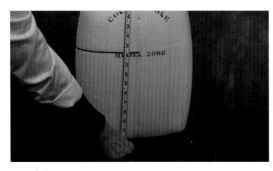

步骤1

在前片，从领口量到想要的裙长再加7.5cm，即为前衣片长。将所有尺寸记录在A字裙规格尺寸表中（见第292页）。

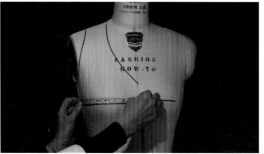

步骤2A

在前片最大的部分进行测量，量取从侧缝到前中的胸围长。

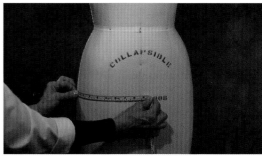

步骤2B

与前中到侧缝的臀围长相比，取较大值再加10cm，即为前衣片宽。

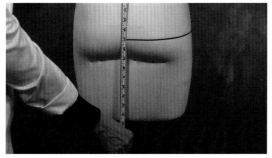

步骤3

在后片，从领口顶部量至所需长度，再增加5cm，即为后衣片长。

步骤4

通过测量从后中到侧缝的距离，找到后背最宽的部分，包括腋下和臀部，然后取较大值再加10cm，即为后衣片宽。

模块3：
准备白坯布

步骤1A

根据表格中测量记录的尺寸，准备好前后衣块，测量然后撕取所需长度的白坯布，记住先去掉布边（见第43页）。

步骤1B

根据测量的宽度值确定撕取衣片的宽度。

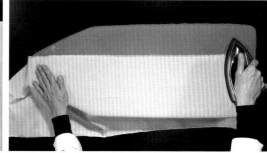

步骤2

顺着白坯布的丝缕方向，不加蒸汽熨烫前后衣片的边缘。然后翻过来，熨烫另一面。

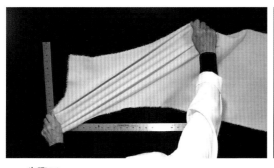

步骤3A

用L形直尺抵住前后衣片，使衣角和白坯布纹理相垂直（请参阅第43、44页）。可拉扯布角将衣片调整至完美状态。

步骤3B

将衣片翻转过来，并检查另一边是否为直角。立裁时布纹线必须笔直。

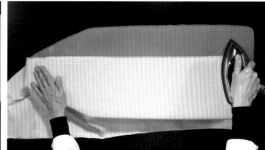

步骤4

一旦衣片被直尺完全压住，便可加蒸汽进行最后一次熨烫。

法式省A字连衣裙规格尺寸表

衣片	单位	cm
前衣片长（前领口至所需的连衣裙长度）+7.5cm		
前衣片宽（胸围线上侧缝到前中和臀围线上侧缝到前中尺寸较大值）+10cm		
后衣片长（后领口至所需的连衣裙长度）+5cm		
后衣片宽（袖窿下后中到侧缝和臀围处后中到侧缝的尺寸较大值）+10cm		
身体测量部位		
前颈口到胸围（前领口顶部到胸围）		
胸高点至前中（在胸围处测量）		
胸高点至侧缝+3mm松量		
胸高点至臀围线		
肩胛骨位置（位于后领口和腰围之间1/4处）		
肩胛骨宽度（沿肩胛骨水平方向测量，从中间到后臂板）+6mm松量		
肩胛骨至臀围线（在后中处测量）		

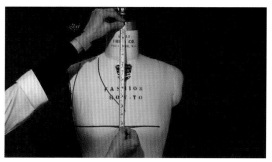

步骤1A

标记衣片时需要记录一些测量值。从前颈带顶部到胸围开始测量，将所有测量值记录在表格中。

步骤1B

测量胸高点到前中的距离。

步骤1C

测量侧缝到胸高点的距离，再加3mm松量。

步骤1D

测量从胸高点到臀围的直线距离。

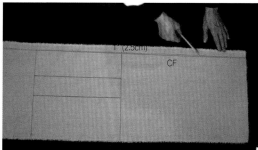

步骤2

从前片顶端开始，距离衣片右长度侧边缘（此处图片旋转了，所以图中显示在照片上方）2.5cm，向下画线，即为前中线。

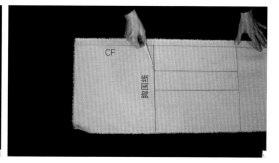

步骤3

从衣片的顶部开始，沿颈带向下顺着前中直到胸围，画条与此垂直的线即为胸围线。

步骤4

从胸高点测量向下到臀线，然后画条垂线即为臀围线。

步骤5

从前中心线开始，测量胸线到胸高点的距离，并做标记。在此标记上，将胸围辅助线向下平移至臀围处。

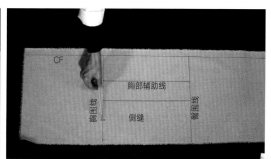

步骤6A

从胸高点开始量出到侧缝的距离，再加3mm松量，在胸围线上做一个标记，此处即为侧缝位置。

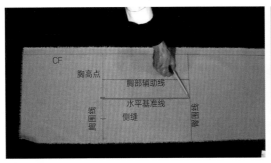

步骤6B

以胸围线为中心，将侧缝和胸高点之间的空间分成两半，然后向下画线，即为水平基准线。

步骤7A

在后片，测量领口至肩胛骨的距离，并记录。

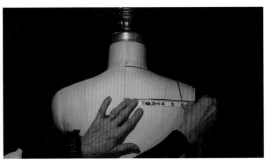

步骤7B

测量后中到肩端点的距离，再加6mm松量。

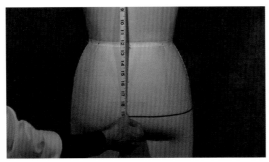

步骤7C

沿着后中测量肩胛骨到臀围的距离，并记录。

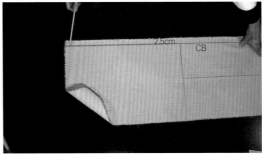

步骤8

从衣片顶端开始，距离衣片右长度侧边缘（此处图片旋转了，所以图中显示在照片上方）2.5cm，向下画线，即为后中（CB）。

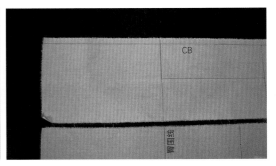

步骤9A

将前后片放在一起。

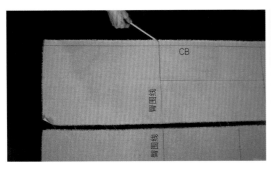

步骤9B

将臀围辅助线从衣片底部移到与前片相同的距离，如图即为后臀线。

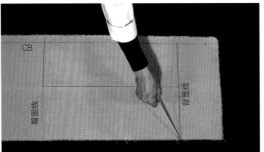

步骤10

在后片臀围线处，测量肩胛骨到臀部的距离并画线，即为背宽线。

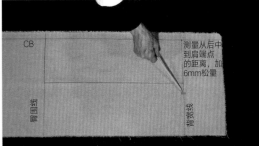

步骤11

在背宽线处，测量从后中到肩端点的距离，加6mm松量，做一个标记。

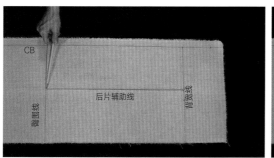

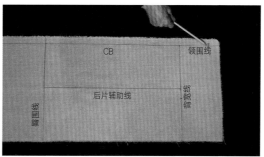

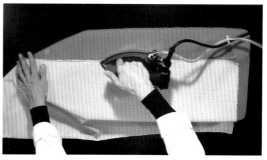

步骤12

在背宽线上，从肩端点标记点向后中测量3cm，并向下画辅助线直到在臀线处，即为后片辅助线。

步骤13

在后中测量肩胛骨到领围线的距离，并做一个标记。

步骤14

标记完所有衣片后，进行最后的整烫，为立裁做准备。

步骤15

翻折前后衣片的2.5cm缝份并用手指按压，切勿熨烫此折痕，以免拉伸白坯布。

模块5：

立裁前片

小技巧：

立裁时，固定大头针用于将白坯布暂时移出某一区域。

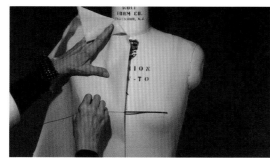

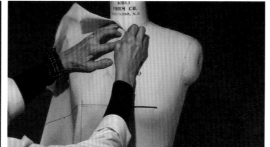

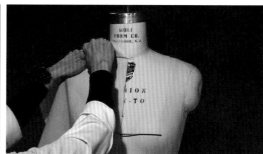

步骤1

将衣片上胸高点的标记与人台对齐，并用大头针固定。

步骤2A

大头针固定前中至领围线，保持衣片上的胸线与人台胸线位置一致。

步骤2B

在肩部临时固定一个大头针。

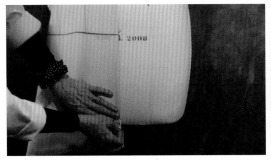

步骤3

沿着前中，用大头针固定胸围线至臀围线。确保胸高点上下未固定区域为胸围留有松量。继续固定直至人台躯干末端。

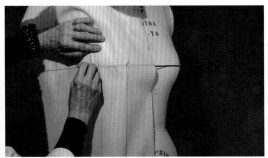

步骤4

沿着胸围线用大头针固定胸高点至侧缝，让松量保持在侧缝与水平基准线之间。一个很好的技巧就是以交替方向固定，这样立裁时有助于稳定白坯布。

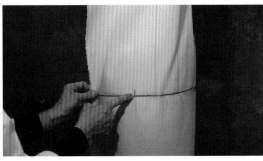

步骤5

沿交替方向在腰线处开始固定，用大头针将松量逐渐固定到侧缝。在侧缝与臀线交叉处用大头针固定。

步骤6

在侧缝与人台躯干末端交叉处用另一个大头针固定前，确保衣片已留有松量。

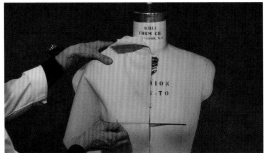

步骤7A

在胸高点处用一个大头针固定。

步骤7B

将颈部周围的白坯布拉平。

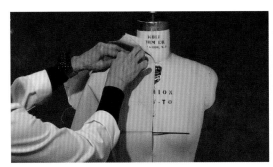

步骤7C

用指甲在领围线处做折痕。

步骤7D

在前中领口折痕线向上2.5cm的区域剪下一块2.5cm长的矩形白坯布。

步骤7E

在折痕线以上的白坯布上打剪口以放松领部，注意不要剪得超出折痕线。

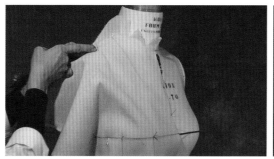

步骤8

在人台上用大头针固定肩部与领围线交叉处和肩部与袖窿交叉处。

步骤9A

移除胸围线上的大头针。

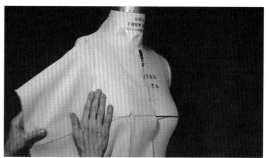

步骤9B

将白坯布向下拉平并穿过胸部区域。

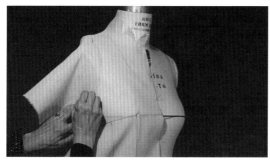

步骤9C

用大头针固定腋下与侧缝交叉处。

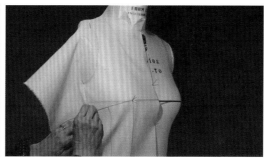

步骤9D

另外固定胸围辅助线处，与侧缝对齐。

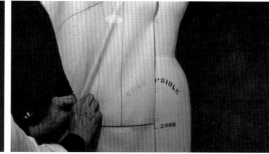

步骤10A

公主线是一种对角式省道，在顶点处消失。首先在侧缝与臀线交叉点上方约5cm处捏取多余的侧缝白坯布，然后用大头针固定。

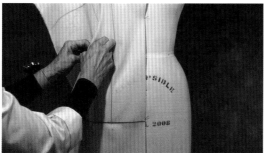

步骤10B

继续用大头针固定形成鱼眼省，省尖点距离胸高点不超过2.5cm。

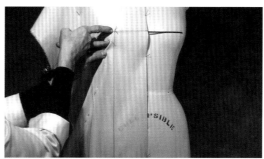

步骤10C

用大头针固定省道时，即使省道弯曲也要确保水平基准线竖直。

小技巧：

公主线的功能是通过"鱼眼"省道形状塑造上身合体的效果。

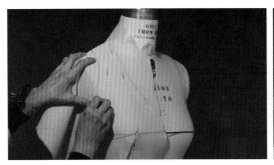

步骤1

在标记前片之前，先将领口处的白坯布弄平，并在领口和袖窿处沿着标记带用大头针临时固定。

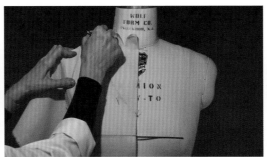

步骤2

开始标记前片。在前中与领口交叉处画一条短线，然后顺着领口画点直到肩部。

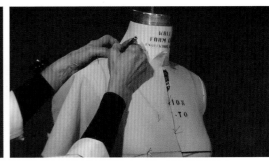

步骤3

在肩部与领口交叉处做十字标记。

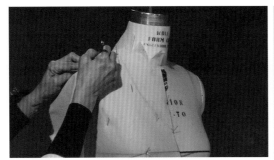

步骤4

在肩部与袖窿交叉处做十字标记。

步骤5

顺着袖窿画点直到腋下。

步骤6

在腋下与侧缝交叉处做十字标记。

小技巧：

立裁公主线时，要注意设计省道时，白坯布不能曲成一束。如果出现这样的情况，则需要移除大头针，减少省道的量，然后重新固定再做标记。

步骤7A

在侧缝两边的省道做十字标记。

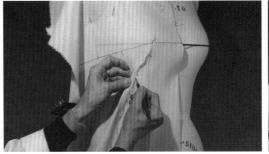

步骤7B

沿着省道的一条边画点直到省尖点，并做标记。

步骤8

在两边省道的中点做十字标记。

步骤9

在臀围线与侧缝交叉点做标记。

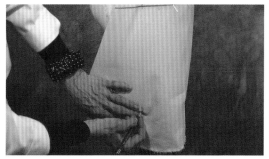

步骤10A

在侧缝与人台躯干末端交叉处做十字标记。

步骤10B

在前中线与人台底部交叉处画一条短线。

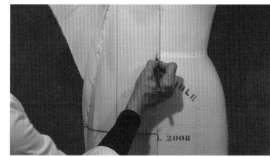

步骤11

在前中线与腰围线交叉处腰部标记带的中间画一条短线。

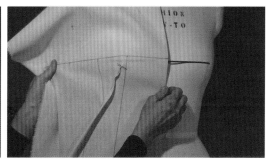

步骤12

取下立裁衣片前，检查确保已经标记了所有关键区域，为修正做准备。取下衣片时，保持将省道别在一起。

模块7：

修正前片样板（第一部分）

步骤1

将衣片前中正面朝上放在桌子上开始修正。

步骤2

小心地重新放置省道大头针，使其与标记成直角，而不会将其拉出衣片。

步骤3

用臀部曲线板修正公主线。

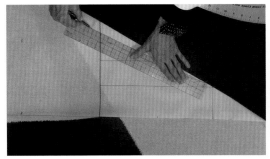

步骤4

用透明直尺给省道加1.3cm的缝份，稍微超出侧缝。

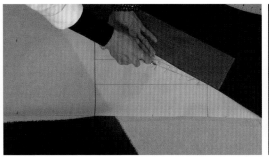

步骤5A

将拷贝纸正面朝上放在省道下方，描出侧缝至省尖点之间的缝迹线。

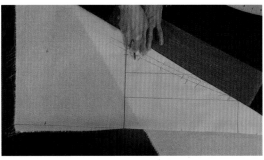

步骤5B

标出省道中点，在省道与侧缝交叉处做十字标记。

步骤5C

标记省尖点，在臀线上标出侧缝位置。

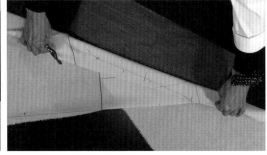

步骤5D

翻转衣片检查，确保已拷贝完另一边所有的标记。

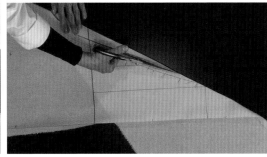

步骤6

重新调整大头针位置，以便于修剪多余的白坯布。

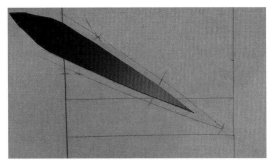

步骤7

移除省道上的大头针，将衣片平铺在桌面上，为修正领围线做准备。

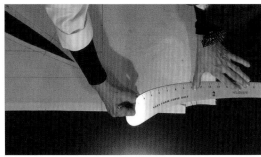

步骤8A

用臀部曲线板修正V字领围线。

步骤8B

给领口加1.3cm缝份。

步骤9A

画出肩缝。

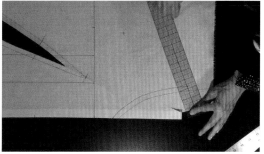

步骤9B

然后给肩缝加2.5cm缝份。

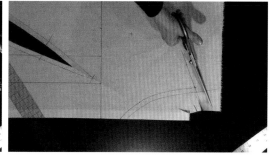

步骤10

修剪肩部多余的白坯布。

小技巧：

在裁剪前，将肩缝折叠，可以检查并确认肩缝形状是否与领口和袖窿对齐。

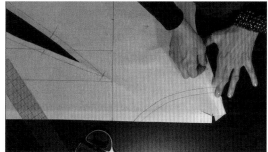

步骤11A

沿着缝线折叠肩缝缝份，大头针固定。

步骤11B

修剪领口处多余的白坯布，确保肩缝位置合适。

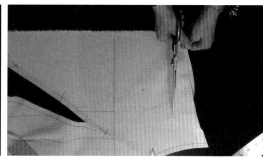

步骤12A

将袖窿中间剪开至袖窿标记处。

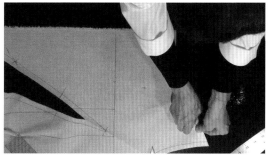

步骤12B

修剪距离袖窿上部造型线1.3cm以外的白坯布，然后移除大头针。

步骤13A

用手指按压省尖点至侧缝之间的省道边，注意不要拉伸白坯布，因为此处是斜裁方向。

步骤13B

从省道中央开始，用大头针将其缝合。

步骤13C

将省道固定在侧缝处，直到省尖点。在对角线上施针将有助于更好地固定缝份。

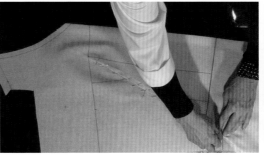

步骤13D

用大头针固定侧缝处多余的白坯布。

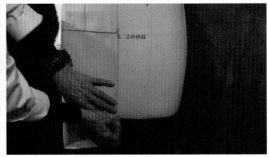

步骤14

将立裁的衣片穿到人台，衣片上领口、肩部、腰围、胸围、臀围和下摆的所有标记点要与人台上相应标记点相匹配。

步骤15

在肩部，将大头针平放入肩缝的缝份里，这样有助于后片覆盖住前片。

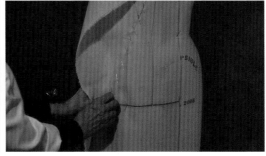

步骤16

在臀部，将大头针固定在臀线与辅助线交叉点、水平基准线和侧缝处。大头针之间保留6mm松量。

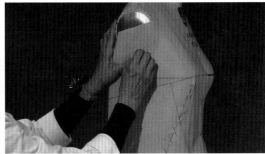

步骤17A

用大头针固定腋下与侧缝交叉处。

步骤17B

用大头针固定人台躯干末端与侧缝交叉处，确保直到人台躯干末端仍保持有松量。

步骤18A

从腋下开始，从侧缝到胸围距离约2.5cm处别一排大头针。

步骤18B

继续大头针，从臀线上方2.5cm处直到人台躯干末端。

步骤18C

移除原来侧缝上的大头针，将侧缝折叠覆盖住前片。

步骤18D

用大头针固定侧缝，为立裁后片做准备。

模块8：

立裁后片

步骤1A

从后中处的领围线开始，将后衣片对齐。

步骤1B

在肩胛骨位置用大头针固定。

步骤1C

在臀围线处用大头针固定。

步骤1D

在人台躯干末端用大头针固定。

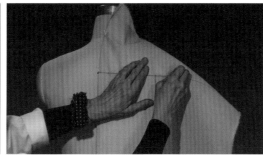

步骤2A

将衣片和人台在肩胛骨处对齐，在肩端点处用大头针固定，保持肩端点与后片水平基准线之间的区域平坦。

步骤2B

沿着肩胛骨水平线用大头针交替固定，辅助线与后中之间保持松量。

步骤3

用大头针固定臀围线与辅助线交叉处。

步骤4A

将腰围线用大头针交叉固定在人台上直至后中，大头针之间保留6mm松量。

步骤4B

用大头针固定侧缝与臀线交叉处。

步骤5

确保直到人台躯干末端仍保持有松量，大头针固定侧缝。

步骤6

接下来，用大头针固定侧缝与腋下交叉处。

步骤7

移至领口区域，拉平肩部的白坯布，在领围与肩部交叉处用一个大头针固定。

步骤8A

从领口上剪下一个2.5cm×3.8cm的矩形，以放松脖子区域。

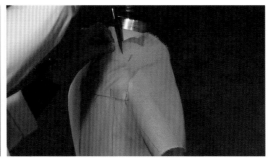

步骤8B

从距离领部标记带1.3cm处剪开。

步骤8C

修剪白坯布以防发生卷曲。

步骤9A

将白坯布轻轻拉到肩部，在脖子和袖窿之间的肩线处捏出一点松量。

步骤9B

用大头针固定肩部与袖窿交叉处。

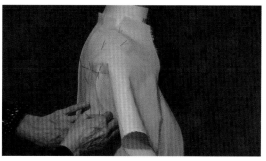

步骤10

穿过白坯布，在后片袖窿标记带周围直至侧缝，用一排大头针固定。

305

步骤11A

合并前后侧缝时，在肩胛骨水平方向剪开至肩端点1.3cm以内。

步骤11B

将多余的白坯布修剪至离后袖窿不超过1.3cm。

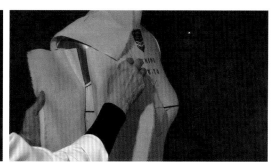

步骤12A

保持腋下固定，松开前后片。

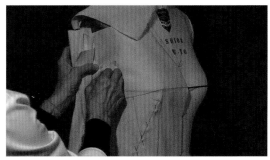

步骤12B

在袖窿与侧缝交叉处大头针固定前后衣片。

步骤13

用手轻拍前后衣片直到臀围处。

步骤14

用大头针固定臀围线，保持前后衣片臀围在同一水平线上。

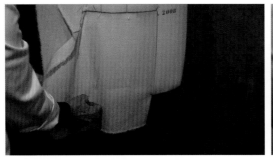

步骤15

用大头针固定人台躯干末端处的侧缝。

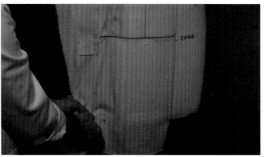

步骤16

从腋下开始轻拍衣片，直到人台躯干末端，将衣片侧缝在距离身体约2.5cm的位置用大头针固定。

模块9：
人台试穿

步骤1A

人台穿衣之前，沿着前侧缝线和前臀线取下临时固定的大头针。

步骤1B

移除人台前躯干末端处的用大头针。

步骤1C

移除后臀线上、人台后躯干末端、后中与臀部交叉处的大头针。

步骤2A

用大头针固定前中与腰围交叉处，以便衣片贴合人体轮廓。

步骤2B

在臀围处和后中上躯干末端处用大头针固定。

步骤3

在后片找到后中和侧缝的中点，在腰部捏一个省道，但不要太紧身。

步骤4A

用手指轻轻在臀围处捏一个省道，继续用大头针固定省道，直到距离臀围约2.5cm为止。臀部越丰满，省道越短。

步骤4B

在省尖点固定一个水平方向的大头针。

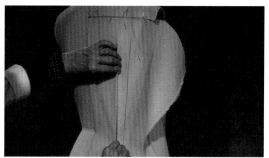

步骤5

用手指轻轻在腰围上方捏出省道，实际以在桌面上修正的为准。

步骤6A

现在可以塑造侧缝了，检查确保腰围前后的放松量相同，以保持试身时平衡。

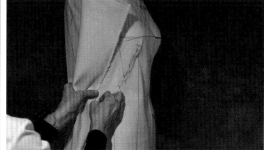

步骤6B

在腰与侧缝的交界点将前后侧缝固定在一起，确保腰部不要太紧。

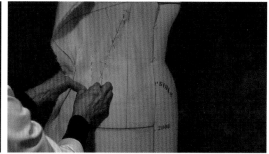

步骤7A

沿着侧缝固定前后片直至臀围处。

步骤7B

确保前后片的臀围辅助线相匹配。

步骤8

继续用大头针缝合侧缝直至人台躯干末端。

步骤1

开始标记后片。在后中与领口相交处画一条短线，然后沿着颈部标记带画点。

步骤2

在领口与肩部交叉处做十字标记，在肩部画点，肩部与腋下交叉处做十字标记。

步骤3

沿着袖窿标记带画点，直至腋下与侧缝交叉处。

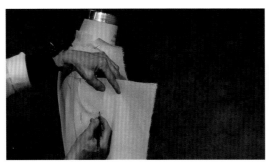

步骤4

后片的侧缝与腋下交叉处做十字标记。

步骤5A

沿着省道的一边到省尖点，在腰部标记带的中间十字标记背部省道的两边。

步骤5B

在省道末端画一条短线。

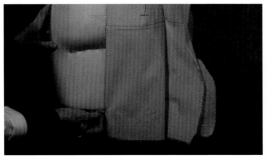

步骤6

在后中处标记腰围中点和人台躯干末端。

步骤7A

用红笔在前后片腋下与侧缝交叉处做十字标记。

步骤7B

在腰围与侧缝交叉处腰部标记带中间位置做十字标记。

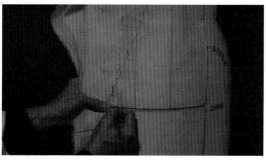

步骤8

从前片侧缝画点至臀围处，并在前后片上标记臀围。

步骤9

在人台躯干两侧末端侧缝位置做十字标记。

步骤10

从人台上取下衣片之前，请确保已获得所有标记，并保持背部省道和侧缝固定在一起。

模块11：

修正侧缝和前片样板（第二部分）

小技巧：

调整大头针的角度时，不要移动针的位置，以免衣片分离。

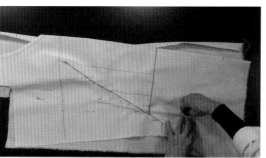

步骤1

将前片正面朝上，调整侧缝上大头针的位置使其与接缝成直角。

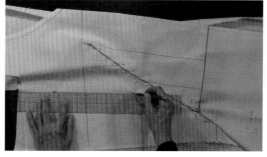

步骤2

用塑料直尺在侧缝处将腋下标记和腰部标记连接起来，即为公主线。

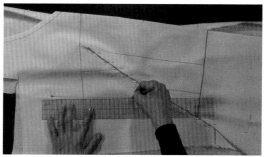

步骤3A

用红色铅笔将侧缝降低1.3cm、延长6mm，然后从该点到腰部连接一条线，即为降低并延长后的侧缝。

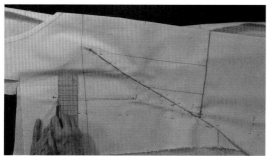

步骤3B

在新的侧缝与腋下交叉点处画出一条6mm的直线。

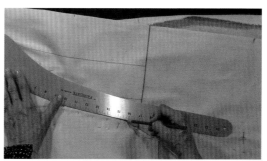

步骤4

现在，使用臀部曲线板在侧缝处连接腰围和臀围。

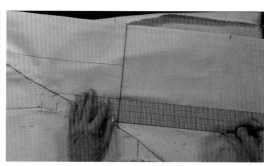

步骤5

接下来，在臀围上画一条垂线，连接臀围和底摆。

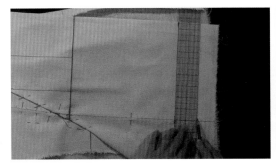

步骤6

标记出所需裙长(这种情况下比人台长5cm),并在侧缝和前中做标记。

步骤7A

在所需衣长标记处,测量所需的A字褶的长度,在这种情况下为3.8cm。

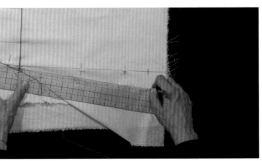

步骤7B

用尺子将该标记连接至臀线上方侧缝处,以塑造一个漂亮均匀的喇叭形褶皱。

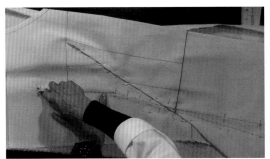

步骤8

将拷贝纸正面朝上放在侧缝下方,然后将原始侧缝、公主线以及降低延长后的侧缝一直拷贝到腰部,描出降低后的腋下和腰围。

步骤9

在喇叭顶点和原始侧缝处拷贝所需的底摆线标记,然后在侧缝处描出新的A字喇叭造型。

步骤10

翻开衣片检查,确保所有标记点已全部成功拷贝。

步骤11

在降低延长后的新A字侧缝线上增加2.5cm的缝份,然后修剪掉多余的布料。

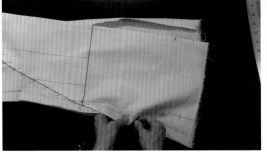

步骤12

剪开腰部接缝处以释放衣片,然后移除所有侧缝处的大头针。

步骤13

分开前后衣片。

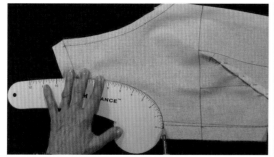

步骤14

使用造型曲线尺，将前袖窿修正至降低并延长后的袖窿标记点。

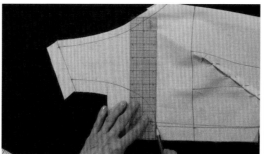

步骤15

用直尺确保袖窿与侧缝成直角。

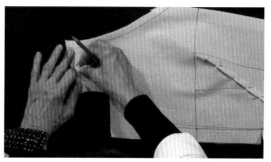

步骤16

将肩部缝份转到大头针下方。

步骤17

给袖窿加1.3cm缝份。

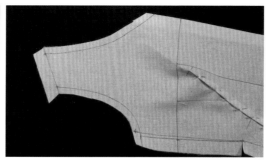

步骤18

修剪掉多余的缝份，保持肩部缝份向下折叠以便修正，然后拆开肩部缝份。

模块12:

修正后片样板

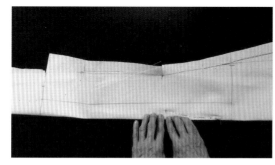

步骤1

将后片放在桌子上，侧缝朝上。

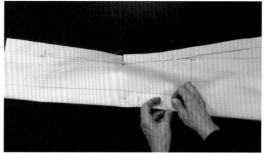

步骤2

重新调整后片省道上的大头针，使它们与省道标记成直角。

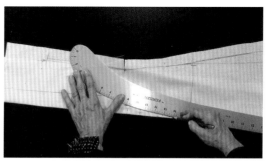

步骤3

用臀部曲线板来调整从腰部到省尖点的省道。

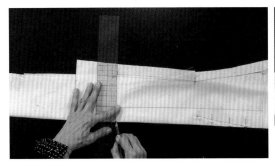

步骤4

修正腰部以上的省道，在折痕上做一个标记，与降低延长后的袖窿保持水平，即为背部省道省尖点。

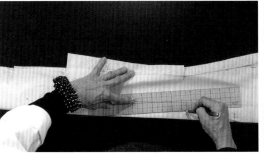

步骤5

连接省尖点和腰围，完成省道。

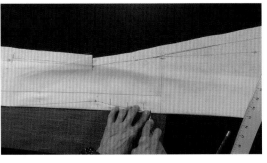

步骤6

将一些拷贝纸正面朝上放在衣片下方，将上部省道固定在适当的位置，然后将省道描到另一侧。确保拷贝腰围和省尖点。

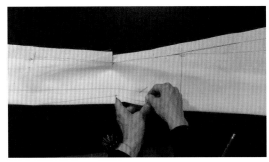

步骤7

剪开腰部省道，移除省道的大头针。

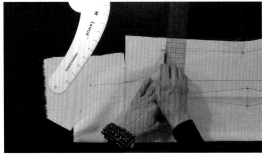

步骤8

用造型曲线尺修正后袖窿，用直尺调整侧缝线与袖窿线垂直。

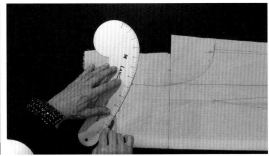

步骤9

用造型曲线尺修正后片肩部。

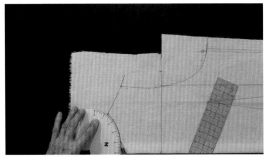

步骤10

从后中领口处画出一条2.5cm的直线，然后用造型曲线尺修正领口。

步骤11

给领口增加1.3cm缝份，肩部增加2.5cm缝份。

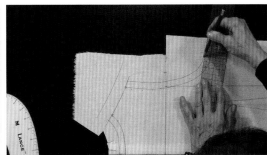

步骤12

给袖窿增加1.3cm缝份。

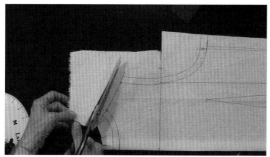

步骤13

修剪肩部多余的布料。

步骤14

在肩部接缝处折下，并在此处固定一个大头针。修剪领口和袖窿处多余的布料，然后拆开肩缝。

模块13:

最后的工作

步骤1

将背面朝上，用手指按压省道，并将其固定，使省道倒向后中。从腰部开始固定，向臀部移动，然后将腰部上方的省道固定至省尖点。在对角线上固定可以使接缝更平整。

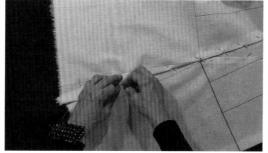

步骤2

从腰部到下摆，然后从腰部到腋下，分别用手指按压后片侧缝缝份。系住腰部和腋下，继续沿着侧缝大头针直至下摆。确保与臀围、人台躯干末端和下摆的标记相匹配。

小技巧:

记住要排列好降低延长后的侧缝线，而不是公主线。

步骤3

用手指按压后肩缝份，将后片固定在前面。记得在大头针之间夹住后片肩部的松量。

步骤4

将后片像立裁时一样放回到人台上，匹配所有关键点：领口、腰围、臀围和躯干。

步骤5

如下图所示，用从地板量起的码尺或从桌面上量起的直尺标记下摆。从前到后标记下摆时，可以旋转人台。

步骤6

现在，从人台上取下衣片，正面朝上平铺在桌子上。

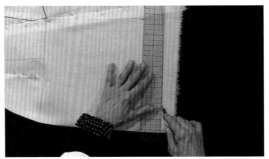

步骤7

用直尺在前中画一条直线，与下摆标记相连接直至后中，确保底边与后中垂直。

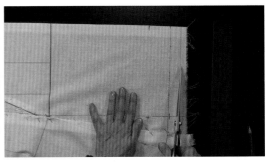

步骤8

给下摆增加2.5~3.8cm的缝份，修剪掉多余的布料。

小技巧：

如果使用下摆胶带缝制下摆，可以将下摆放到胶带中，将使其平整且不会起皱。

步骤9

接下来，将下摆用水平方向的大头针从后到前固定起来。将下摆翻转到背面会发现由于喇叭形褶皱，需要对下摆的侧缝进行调整。可折回必要的量，以使下摆平整，并在前后接缝线上标记此调整。

步骤10

将A字连衣裙穿回人台检查其合身性。

步骤11

现在，A字连衣裙的立裁完成。

自我检查

☐ 在制作公主线时是否纠正了所有的扭曲问题？

☐ 是否记得在公主线上添加切口？

☐ 是否将肩部缝份在领口和袖窿处正确折叠？

☐ 对于无袖服装来说，是否将袖窿降低并延长了正确的量？

贴花装饰的无袖A字裙，芬迪，2015春夏

帐篷式
连衣裙与贴边

学习内容

☐ 在人台上标记船领（一字领）和无袖窿；

☐ 确定款式的尺寸大小，并裁剪立裁时所需要的白坯布；

☐ 制作喇叭形垂落的款式，并通过增加丰满度得到类似于帐篷形的样式；

☐ 核对纸样，拼接裙身的前片和后片，保证侧缝前后的平衡效果，并添加喇叭形效果及标记底边/下摆；

☐ 制作一片式的衣身贴边：准备白坯布，修整前后片的外轮廓线，并标记贴边的大小位置，最后核对纸样，并确定下摆的形状。

布料：

• 白坯布（中厚平布/棉布），长1.8m。

步骤1

当采用立裁制作帐篷式连衣裙时，首先需要根据裙子的款式在人台上标记出基准线（标示线）和造型结构线。

步骤2

对于胸围线，将记号胶带（标记绳）从左胸高点贴到右胸高点，再横过侧缝，人台标示基准线（标示线）需要保证与地面保持水平。

步骤3

用记号胶带从前中颈窝交点向下0.6cm处开始，标记船领，其前领围线带有略微的曲线弧度，肩缝处离侧领窝2.5cm。

步骤4

从领围线向外测量5cm，确定它是裙身的肩缝线。

步骤5A

前片无袖袖窿的造型结构线（记号胶带）需要和人台袖窿侧面臂板上的平头螺钉位置对齐。

步骤5B

使用记号胶带，标记袖窿造型结构线，前袖窿中点离臂根线（臂板）2.5cm。

步骤6A

从后中颈围中心点向下0.6cm处用记号胶带标记后领围造型结构线。

步骤6B

用记号胶带圆顺地连接前领围和后领围的造型结构线。

步骤7

后片无袖袖窿的造型结构线需要和人台袖窿侧面臂板上的平头螺钉位置对齐。后袖窿中点离臂根线（臂板）2.5cm，正如前袖窿标记的一样。

模块2：
准备白坯布

小技巧：

对于M码（美国6码/英国10码）的服装号型，每增加一个尺寸或型号都需要在原有白坯布的长宽上依次增加5cm余量。

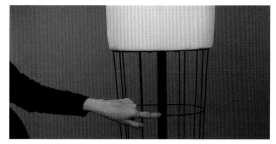

步骤1
首先需要确定裙长。从领圈线量到你想要的底边长，此长度就是你的裙长，在此基础上再加18cm。此时，这个测量长度就是你前片和后片每块白坯布所需要裁切的长度。稍后将测量数据记录下来。

步骤2A
在白坯布的一端撕开或剪开布边，此款裙子的制作中，所需裙长101.5cm。

步骤2B
然后测量出需要的前后片白坯布的宽度。对于此款M码连衣裙（美国6码/英国10码），白坯布宽度需要超过66cm，然后从经向上扯开。对于更大尺寸，需要裁剪更宽的白坯布。

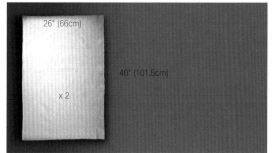

步骤3
对于这条连衣裙，需要准备两块白坯布，每块宽66cm，长101.5cm。

步骤4A
校正白坯布，用L形尺检查布纹纹理是否相互垂直。

步骤4B
留意白坯布的尾端与L形尺的边缘是否垂直对齐，并观察是怎样的原因造成的，然后对白坯布进行校正固定。

步骤4C
为了校正经纬纱向，握住与歪斜一边相反的布角，将白坯布沿对角线方向拉伸，直到经纬纱在正确的方向上。

步骤4D
然后再次利用L形尺进行检查，要将白坯布调整到正确的纱向位置。

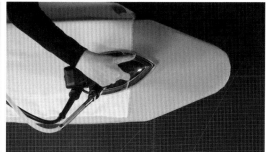

步骤5
一旦确认好前片和后片，用蒸汽熨烫白坯布，对经纬纱向进行定型。

模块3:
画辅助线

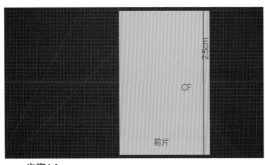

步骤1A

先从前片开始，从白坯布右侧的长边向内量取2.5cm，沿白坯布的布纹（经线）画标示线，这条标示线被定为前中线。

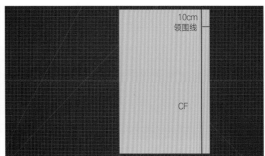

步骤1B

再从白坯布顶端的沿边沿前中线向下量取10cm，将此点作为前领围线的起始点。

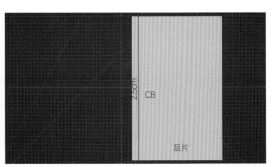

步骤2A

然后开始对后片绘制，从白坯布的左边量取2.5cm，沿白坯布的布纹（经线）标示线，这条标示线被定为后中线。

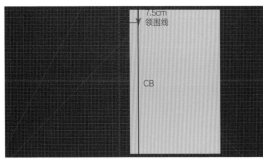

步骤2B

再从白坯布顶端的沿边沿后中线向下量取7.5cm，将此点作为后领围线的端点。

步骤3

沿前中线翻折白坯布，并用手指压平折边。

步骤4

沿后中线翻折白坯布，也用手指压平折边，为下面要进行的立体裁剪做好准备工作。

模块4:
立裁前片

步骤1A

开始立体裁剪的首要准备，先将白坯布的前中线（经纱方向）和人台的前中线对齐，把前领围线的位置对合，再用大头针将白坯布固定在人台上。

步骤1B

在靠近肩膀的位置暂时用大头针固定。

步骤2A

沿前中用大头针到胸围线附近，并在胸部处适当地给出一定的松量（意味着在左胸高点到右胸高点之间，不需要让白坯布贴体大头针）。

步骤2B

然后继续沿前中线用大头针固定，一直别到人台底端。

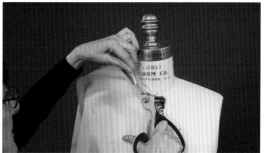

步骤3A

从前中领围线处到白坯布顶端间，剪掉长宽2.5cm的矩形。

步骤3B

在领围线绷紧的部位打若干个剪口，并在前领口将布推顺。切记不要剪过领围线（人台上记号胶带的位置）。

步骤4A

在肩和领围线的交点处用大头针固定。

步骤4B

沿着前领围线，剪掉多余的白坯布。

步骤5

在肩膀和袖窿的交点处，沿造型（记号）胶带标记的位置用大头针固定。

步骤6

沿袖窿处的造型胶带（记号胶带）别针，一直别到侧臂板平头螺钉的位置。

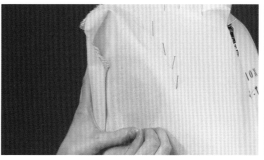

步骤7

将袖窿处的布料推顺，在侧缝和臂板的交点用大头针固定。

步骤8A

为制作喇叭形效果，在左胸高点上用大头针固定。

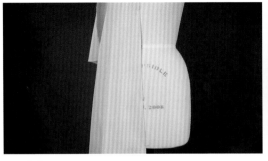

步骤8B

此时在胸高点下，将自然呈现类似于喇叭形的效果。

步骤8C

测量白坯布底端喇叭形效果的宽度。此处测量结果是7.5cm，是整体下摆幅度的一半宽度。这里摆幅宽可大可小，由于白坯布的宽窄，摆幅宽（喇叭形的宽度）会受到一定的限制。

步骤8D

在人台底端对喇叭形效果的右侧用大头针固定。

步骤8E

在人台底端对喇叭形效果的左侧用大头针，固定第一个下摆幅度。

步骤9A

第二个形成喇叭形效果的位置是在侧缝和臂板交点处。

步骤9B

从白坯布的顶边到侧缝和臂板的大头针处，白坯布需要进行裁剪。

步骤9C

从白坯布的顶边剪到侧缝和臂板的大头针处。

步骤9D

将剪开后的多余白坯布暂时固定在后背上。

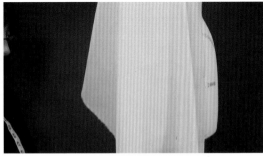

步骤9E

白坯布将在侧缝和臂板交点下形成下垂状，自然呈现第二个喇叭形效果。

步骤9F

此时，量出的第二个摆幅宽需要与第一个摆幅宽相等。当然也可以采用不同的摆幅宽，让喇叭形效果有大有小，但这一切取决于设计的款式和白坯布的宽幅，这些都是能自我控制的。

步骤9G

正如第一个喇叭形效果的固定方式，在呈现第二个喇叭形效果的白坯布底端，对右侧进行用大头针固定。

步骤9H

再在白坯布底端对喇叭形效果的左侧用大头针固定。

步骤10A

将侧缝外多余的白坯布剪去。

步骤10B

确保余下的白坯布可以做任何的调整，并保留足够的缝份余量。

模块5：

前片轮廓线

步骤1

在前中线和领围的交点开始标记领围线。沿领围线描点，一直画到肩膀和领围线的交点处。

步骤2

分别在领围线和肩膀的交点处，以及袖窿和肩膀的交点处做十字标记。

步骤3

沿着袖窿款式记号线描点，一直画到臂板上平头螺钉的位置。

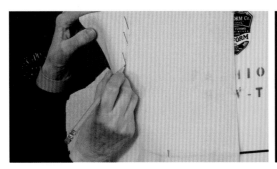

步骤4

在平头螺钉水平高度相同的位置做十字标记。

步骤5

在侧缝和臂板的交点做十字标记。

步骤6A

用皮尺从前中线和领围线的交点处开始测量，一直量到裙底边（裙底边的长短自定，或根据款式决定）。

步骤6B

在前中横向别入大头针，表明裙子的长短，并对其进行标记。

步骤6C

在裙身的前中线标记出人台底端的位置。

步骤6D

测量人台底端到裙边的距离，并对其进行记录，这里的测量结果是9cm。

步骤6E

将裙身（人台）旋转至侧面，并在侧缝上人台底端的位置做十字标记。

步骤6F

然后从此处的十字标记开始向下量取9cm，向下量取的长度要与你之前量取前中所记录的长度相同，都是取9cm用大头针标记。

步骤6G

在用大头针的地方画十字记号，表明裙底边的位置。

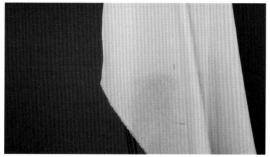

步骤7

在去掉前片裙身上的所有大头针之前，需要核对已标记的所有必要的记号，确保无误。

模块6：
修正前片样板

步骤1A

将取下的裙身前片，正面朝上平放在桌面上，用定规尺（直尺）在前中和领围线交点处向下量1.3cm画横线，要与前中线相互垂直。

步骤1B

从前中到肩线，用曲线尺根据描点修正领围线。

步骤2

用定规尺画肩线，连线肩膀领围十字标记和肩膀袖窿十字标记即可。

小技巧：

在修正前袖窿线时，最好是画一条平滑的曲线。如果不行的话，只需按造型标示线绘制即可。

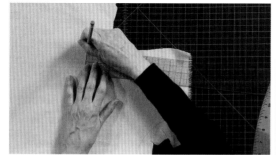

步骤3

在侧缝处将腋窝线水平下落1.3cm进行标记。

步骤4

重画腋窝线下落后的袖窿弧线，并与之前的描点圆顺，从前腋窝十字标记到肩膀袖窿十字标记，圆顺前袖窿弧线。

步骤5

从前中到肩膀，前领围线添加1.3cm的缝份。

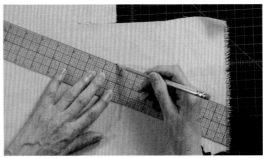

小技巧:

　　由于立体裁剪的特殊性,需要添加过量的缝份,以便于进行试制样衣的过程中满足裙身修正的需要。但是,产业化生产标准则是领围和袖窿处添加0.6cm的缝份,侧缝和肩添加1cm的缝份。

步骤6

肩线处添加2.5cm的缝份。

步骤7

前袖窿缝份为1.3cm。

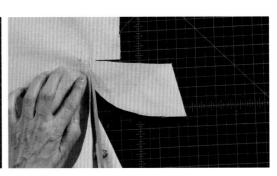

步骤8

沿着肩缝线向内折叠白坯布,便于核对肩膀缝份。领围弧线和袖窿弧线在肩缝份处的拼接要按照缝纫要求进行处理。

步骤9

修剪领围线外多余的白坯布。

步骤10

修剪袖窿弧线外多余的白坯布。

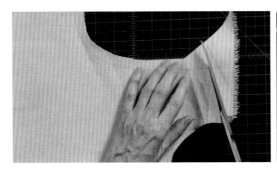

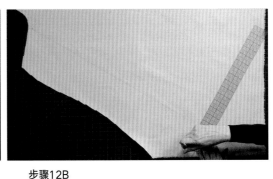

步骤11

将肩线处的白坯布展开,然后剪去多余的白坯布。注意修整肩缝份时要,保证领口和袖窿的形状符合款式要求。

步骤12A

对侧缝进行处理。用长金属直尺画线,连接侧缝袖窿交点和白坯布底端的侧缝标记点。

步骤12B

从侧缝底端的标记线横向往外量取7.5cm进行标记。

步骤12C

从侧缝袖窿交点处横向往外量取7.5cm进行标记。

步骤12D

用金属直尺连接两个标记点（横向量取7.5cm的标记点）。

步骤12E

沿这条新画的直线（7.5cm标记线）进行裁剪，剪去多余的白坯布。

模块7：

立裁后片

步骤1

从后中领围点到肩颈点之间，找到后领围线上的中间点，用大头针标记，此处对应的是裙身后片要呈现喇叭形效果的位置。

步骤2A

将白坯布上的后颈记号和人台上的后颈造型标示线在裙身的后中对齐，用针别住固定。

步骤2B

沿后中对齐白坯布，其余白坯布推顺在肩部用大头针固定。

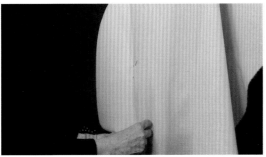

步骤2C

沿后中线向下固定白坯布。但腰部往下25.5cm和腰部往上15cm，不要将白坯布紧贴人台轮廓固定。因为是帐篷式连衣裙，所以喇叭型效果会往外张开，和身体有一定距离。用大头针标记出人台底端在白坯样衣上的位置。

步骤3A

对后领围进行处理，用手感知你之前大头针的中点处，再用大头针在这个中点处将白坯布固定。

步骤3B

在后领围线的中点处剪开白坯布，剪到领围线停止。切记不要剪过人台上的造型标示线。

步骤3C

从撕扯开的位置到后中线，将多余的白坯布剪掉。

步骤4A

拿掉肩部暂时固定的大头针。然后会自然呈现白坯布下垂的效果，形成后片第一个喇叭形效果，重复之前喇叭形效果的制作。用皮尺在人台底端对白坯布样衣测量出7.5cm的摆幅宽度，正如前片喇叭形效果一样。

步骤4B

用大头针固定喇叭形效果，在人台底端固定白坯布样衣的摆幅幅宽，其左右都要固定。

步骤5A

在领围线处紧绷的部位打剪口，增加一定的松量，并剪掉多余的白坯布。

步骤5B

沿着后领围的造型标示线推顺白坯布，然后在领围和肩线交点部位用大头针固定。

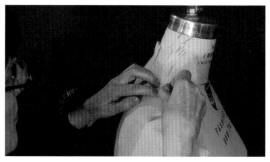

步骤6

再在肩线和袖窿交点线的交叉处用大头针固定。

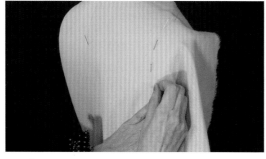

步骤7

沿后袖窿造型标示线用大头针固定到平头螺钉的水平高度即可。

步骤8

推顺白坯布后，在侧缝和臂板交点处用大头针固定，这里将是呈现第二个喇叭形效果的位置。

步骤9A

将那些披挂在身前（人台）的过多白坯布，暂时用大头针固定在人台上。

步骤9B

为了形成第二个喇叭形效果，下一步将侧缝处的白坯布从上往下剪开，一直剪到侧缝用大头针的位置。

步骤9C

剪开时，要确保不可以剪过侧缝大头针处。

步骤9D

现在去掉临时固定白坯布的大头针。让它自然下垂呈现出第二个喇叭形效果。然后将临时固定用的大头针在合适的位置固定白坯布。

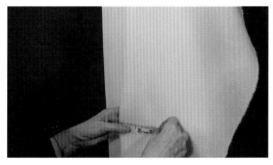

步骤9E

调整下摆幅度，让人台底端白坯布样衣的摆幅宽度为7.5cm，就像其他喇叭形效果的摆幅宽度一样。

步骤9F

用大头针将喇叭形效果的左右两边准确的固定住。

步骤10

为了便于任何调整和缝份的处理，我们将预留出10cm的缝份余量，然后将多余的白坯布剪掉。将裙身前多余的白坯布去掉。

模块8：
标记后片轮廓线

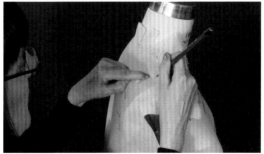

步骤1

开始对后领围线描点。在脖颈和肩膀的交叉处做十字标记。

步骤2

在袖窿和肩膀的交叉处做十字标记。

步骤3

沿后袖窿描点，在后袖窿平头螺钉的水平位置做十字标记。

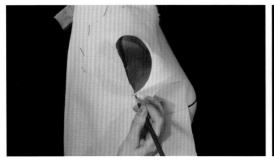

步骤4

在侧缝臂板交点处做十字标记。

步骤5

在人台底端的后中线上做记号。

步骤6A

用皮尺从人台底端的后中记号处向下量取9cm的长度，和你前中向下量取的长度保持一致。

步骤6B

用大头针固定住，表明裙长，并且也要用铅笔标记。

步骤7A

在人台底端的侧缝处做十字标记。

步骤7B

重复之前标记裙长的步骤，在人台底端的侧缝处向下量取同样的长度，测量长度依然是9cm。

步骤7C

用铅笔标记侧缝裙长，并大头针标记。

步骤8

在移除后片裙身上的所有大头针之前，需要检查核对已标记的所有关键标记记号，保证无误，也可将固定下摆幅度的大头针去掉。

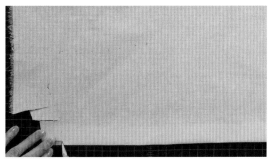

步骤1A

将取下来的后片平放在桌子上，从后中开始在后领围线上量0.6cm做横线，与后中线相互垂直。

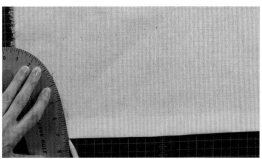

步骤2B

再用曲线尺调整后领围线并圆顺。

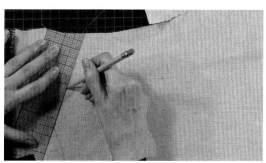

步骤2

现在校正肩部。

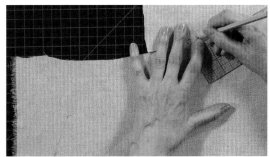

步骤3A

需要在侧缝处将腋窝线下落1.3cm降低袖窿，并进行标记，如图所示。

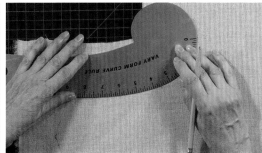

步骤3B

下一步将校正后袖窿线，绘制袖窿下落后的袖窿弧线，对袖窿下落的点，后腋窝的十字标记和肩膀袖窿的十字标记进行连线，并圆顺后袖窿弧线。

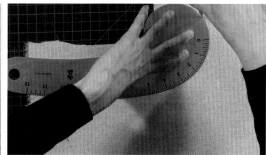

步骤3C

利用以上三个点的位置，通过曲线尺校正后袖窿弧线。

小技巧：

对立裁进行调整，可以直接在白坯布上进行，在转换成样板后也可以进行调整。

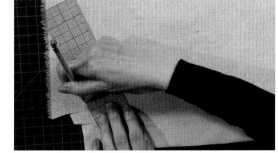

步骤4A

开始给后片添加缝份，领围线上的缝份为1.3cm。即使工业化生产标准中带贴边的领围一般是留0.6cm的缝份，也依然可以进行调整，当然也包括所有缝份在内；也可在裙身合体后，完成最终纸样再对所有的缝份进行调整。

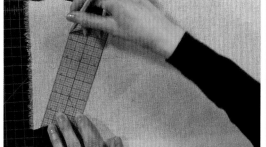

步骤4B

在肩线处添加2.5cm的缝份。

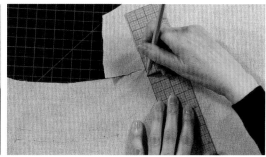

步骤4C

从肩端点交点处开始，后袖窿缝份为1.3cm。

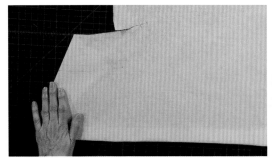

步骤5A

沿着肩线向下翻折白坯布，然后平放在桌面上，校正领围缝份和袖窿缝份。

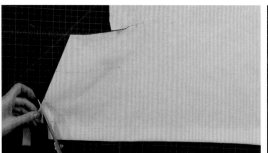

步骤5B

剪去领围线上多余的缝份。

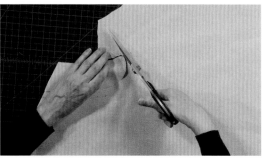

步骤5C

从肩部开始，将袖窿上的多余白坯布剪掉。

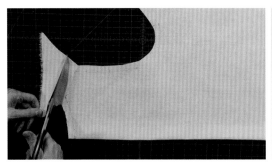

步骤5D

将肩线处的白坯布展开，然后剪去多余的白坯布。注意领口和袖窿在肩缝份处的形状如何才能符合缝纫要求。

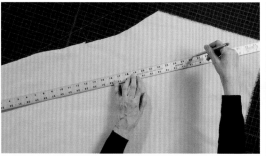

步骤6A

然后，将后侧缝的标记点连线。从袖窿到裙边用金属直尺画线连接。

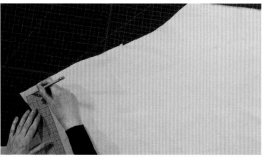

步骤6B

在侧缝向外横向量出7.5cm，并标记它。

步骤6C

再从侧缝底边向外横向量出7.5cm，标记它。

步骤6

连接上面所标记的7.5cm的两个标记点。

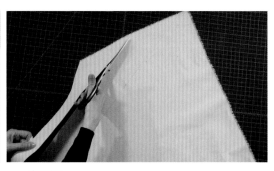

步骤6E

将侧缝多余的缝份剪掉。

步骤1A

用大头针将整条连衣裙别在一起。为了方便用大头针固定，将后片的正面朝下平放在桌面上，前片正面朝上放在后片上。

步骤1B

在固定之前，要确定前后片的侧缝袖窿交点是否能够对上。

步骤1C

还需要确定前后片侧缝底边的交点是否能够对上。

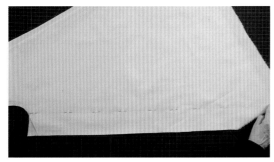

步骤1D

从袖窿到下摆底边，沿着净缝线将前后片用大头针固定一起。如图所示，在白坯布样衣制作的过程中，为了平衡侧缝，在用大头针固定时采取纵向大头针，以便于对其进行调整和修正。

步骤2

然后将肩缝线拼合在一起。折叠后片肩缝份，搭接到前片上，将前后片的肩膀领围交点和肩膀袖窿交点对接。然后再在前后片肩线的中间用大头针固定。

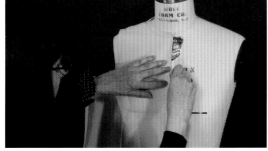

步骤1

将连衣裙的后片披挂在人台上。从前中领开始，沿着前中开始用大头针。

步骤2

分别在肩、领交点，后中线、领交点，用大头针固定，如图所示。

步骤3

沿前中线从胸围线下到人台底端，用大头针固定。记住要给胸部预留松量。

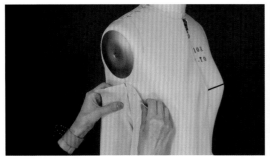

步骤4A

将人台转到裙身侧缝，从侧缝袖窿交点开始将缝份向两边打开，检查坯布样衣上的侧缝与人台的侧缝是否对齐。如果没有对齐，则需要将它们进行调整。

步骤4B

一旦确定对齐，并符合要求，则在侧缝袖窿交点对侧缝用大头针固定。

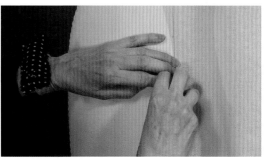

步骤5A

将人台转到裙身后片，沿着后中线进行固定，当白坯布样衣的后片挂在人台上时，在腰线往上15cm和腰线往下25.5cm的地方分别用大头针固定。

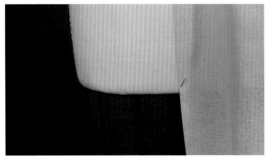

步骤5B

在人台底端后中用大头针固定。

步骤6A

将人台转至侧缝，检查连衣裙的侧缝是否整体均衡。打开缝份来检查悬垂时的侧缝，是否和人台侧缝成一条直线。

步骤6B

为了连衣裙的整体均衡性，侧缝位置必须和袖窿、人台底端相一致，并且侧缝线也不应该偏前或者偏后。裙身的整体均衡性恰巧就在侧缝处体现，如图所示。

步骤6C

一旦侧缝保持平衡，则在人台底端用大头针固定。

步骤7A

当将白坯布样衣重新披挂在人台上后，需要重新对喇叭形效果定位。

步骤7B

在人台底端，对前片喇叭形效果的左右两侧用大头针固定。

小技巧：

如果人台侧缝没有和连衣裙的侧缝对齐，那么就去掉大头针，对其进行调整，改变偏前或者偏后的现象，然后再重新大头针固定。可以在白坯布上做最终的修正，或者是在白坯布样衣转化为纸样时进行修正。

步骤7C

靠近侧缝，重新对后片喇叭形效果进行定位。当重新披挂上人台后，对喇叭形效果的左右两边进行固定。

步骤8

从顶端到底端需要对侧缝做最后的检查，检查裙身样衣的侧缝和人台侧缝是否对齐。

模块12：
画下摆底边轮廓线

步骤1

为了更好地绘制底边，将L形尺短的一端放在桌上，长的一端垂直于底边。

步骤2A

在裙身上用L形尺量出大头针标记的底边位置，此处底边到桌面的距离为20.5cm。

步骤2B

一边标记一边旋转人台，依次标记短而小的线段，如图所示。

步骤2C

重复前面的操作，继续对底边标记，一直标记到后中。

步骤3

把人台上的白坯布样衣取下来，去掉部分大头针，但是肩部和侧缝处的大头针不要拆掉，这是为了便于进行核对。

小技巧:

在侧缝底边不可添加超多5cm的喇叭形,否则侧缝将会产生袋盖的效果,而非喇叭形效果。

步骤1

将白坯布样衣正面朝上放在桌面上,侧缝部位依然别在一起。

步骤2A

为了给裙子增加喇叭形效果,用金属直尺在折边外添加,以侧缝袖窿交点为中心金属直尺向外旋转,并确保布料能够预留出缝份量。

步骤2B

对于此条连衣裙,因不需添加喇叭形效果,所以从袖窿到底边,画出2.5cm的侧缝缝份。

步骤2C

剪去侧缝多余的缝份。

步骤2D

再剪去袖窿上多余的缝份。

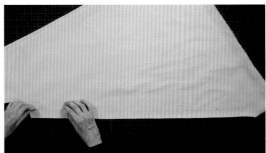

步骤3

去掉侧缝和肩膀上的大头针。

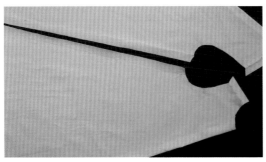

步骤4A

将前片和后片分别平放在桌面上,侧缝相互对合。一旦需要后片搭接前片进行固定时,用指腹压实后侧缝份。

步骤4B

将后侧缝搭接前侧缝,从侧缝袖窿交点开始大头针固定。大头针需要横向大头针,同接缝相互垂直,也可以在接缝处采用斜向大头针。

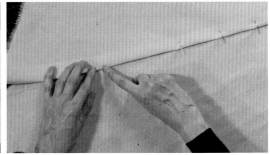

步骤4C

一旦侧缝是斜纹路,那么折叠缝份时,则要注意不要拉扯到布料。在完成所有工序的最后,检查前后侧缝折边上的对位记号是否一致的。如果不是,需要沿着侧缝重新修正。

小技巧：

在用大头针固定和缝纫裁片时，为了方便衣料裁片进行对位，就需要打剪口。

步骤5

从袖窿到裙身底边的侧缝线上，找到中点，在此点处打剪口，剪口的方向和侧缝是垂直的。

步骤6A

开始核查前片的下摆，靠近前中的底边与前中线画成直角框，然后在底边上画出12.5cm的直线后，再对底边描点绘制圆顺的曲线。

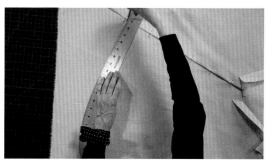

步骤6B

沿着标记点继续绘制前片底边，并使用长曲线尺描绘转弯处，直到画到侧缝为止。

小技巧：

斜纹路一般都会有拉伸的趋势，当裁剪斜纹路时，某些织物的拉伸性能尤为明显。

步骤6C

取下裙身后片，靠近后中的底边与后中线画成直角框，然后在底边上画出10cm的直线后，沿标记点进行圆顺。

步骤6D

沿着标记点继续绘制后片底边，并使用长曲线尺描绘转弯处，指导画到侧缝为止。

步骤7A

对后片的下摆添加2.5cm的底边缝份，从后中一直画到前片。一但这条连衣裙的某些部位采用斜纹路，最明智的选择就是在剪裁完衣料之后，将衣料悬挂24小时，让斜纹路有一个良好的效果。然后再标记底边。

步骤7B

沿裙身底边，将多余的底边缝份剪去。

步骤8

然后再重新对肩部用大头针固定，用后片搭接前片。

步骤9

现在对底边进行处理，轻轻地用指腹压平折叠的折边，然后固定的时候大头针和底边相互成直角。

小技巧：

一片式贴边也可称为一体成型的贴边，能很好地对袖窿和领口的进行处理，并且可以减少两片贴边的需要（一片给领口，另一片给袖窿）。

336

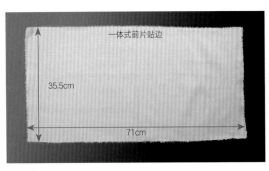

步骤1A

对于一体式前片贴边，你需要准备一块经纱长71cm，纬纱长35.5cm的白坯布。若准备大于M码（英国10码/美国6码）尺寸的白坯布，一定要对撕的这块白坯布进行熨烫。

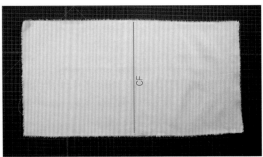

步骤1B

找到纬纱长的中点位置，在中心从头到尾画一条标示线。将其定为贴边的前中线。

步骤2

沿前中线对折，并用指腹压平。

步骤3A

将对折的前片贴边平放在桌面上，把裙身前片的上半身正面朝上，将裙身的前中线同前片贴边的前中线对齐。

步骤3B

铺平裙身前片，便于它平整地放在白坯布（准备制作贴边用的）上。然后将裙身和白坯布固定在一起，保证它们不会移动。

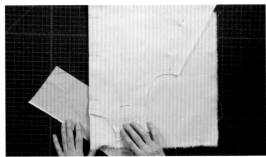

步骤4A

在上半身领口和肩部，将单面复写纸正面朝上置于所有白坯布之下。

步骤4B

再将另一片单面复写纸正面朝下插入裙身和贴边之间，以便于你可以使用压线轮，将领口的净缝线拓印到贴边上。

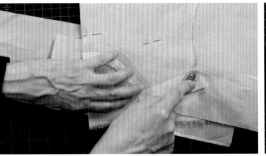

步骤4C

然后拓印肩线。

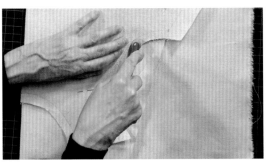

步骤4D

将单面复写纸重新摆放，放在肩膀到袖窿的位置，以便于和前袖窿弧线成直线。然后将袖窿拓印到贴边上。

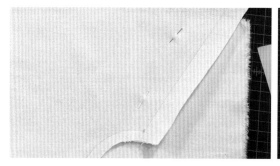

步骤4E

继续重置单面复写纸，再拓印裙身侧缝到前片贴边上。一旦拓印完毕，抽掉复写纸即可。

步骤5A

虽然裙身和贴边是固定在一起的，但也可以直接裁剪前片贴边。从领口开始，沿着裙身裁边进行裁剪。

步骤5B

然后将肩部、袖窿、侧缝多余的白坯布剪去。

步骤6

检查已拓印的所有标记线。

步骤7A

移除大头针，将裙身前片从贴边上取下。

步骤7B

将前片贴边朝上平放在桌面上，让贴边的肩线水平下降0.3cm，用红色铅笔重新标记。

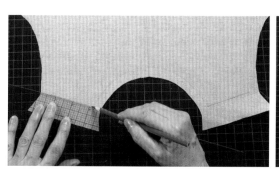

步骤7C

在另一侧肩部重复这一操作，并做相同处理，水平下降0.3cm。

步骤8A

沿着前中线折叠前片贴边，平放在桌面上。将修正后的肩线固定在一起，侧缝也固定在一起。

步骤8B

将定规尺放到修改后的肩线上，在新的肩线上添加1.3cm的缝份。

步骤8C

给侧缝添加1.3cm的缝份。

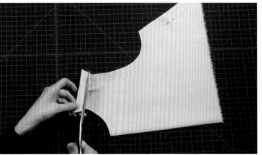

步骤8D

剪掉肩膀上多余的缝份。

步骤8E

剪掉侧缝上多余的缝份。

步骤9A

将一片单面复写纸置于前片贴边下。在前中领口交点处，从净缝线向下量取6.3cm，并做0.6cm宽的记号。这是前片贴边在前中线上的长度，然后将复写纸抽掉即可。

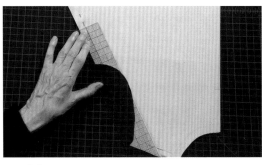

步骤9B

在侧缝袖窿交点处，从净缝线向下量取6.3cm，做0.6cm宽的记号。将定规尺和侧缝对齐，便于尺子的直边和侧缝成直角画线。这是前片贴边在侧缝线上的长度。

步骤9C

沿袖窿底，从侧缝量向下量取5cm并标记。

步骤9D

从此标记点开始，由袖窿弧线向内量6.3cm标记，这个标记记号可以看做参照点，帮助于绘制前片贴边的底边形状。

步骤9E

开始绘制前片贴边的底边。将长曲线尺放到前中线上0.6cm的记号处画线，并要保证在前中翻折的部位成直角。

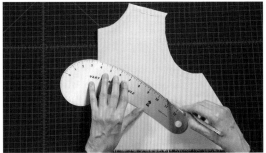

步骤9F

合理运用长曲线尺，便于画顺前中和袖窿上标记点之间的弯曲弧线，然后画前贴边的底边。

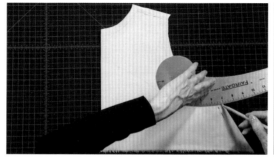

步骤9G

翻转曲线尺，利用它完成前片贴边底边的绘制，并要保证贴边侧缝的底边对位处成直角。

步骤9H

将单面复写纸放正面朝上放在白坯布之下，并在白坯布之上用压线轮沿标记线滑动，使得贴边的底边拷贝到另一面。

步骤9I

将复写纸抽掉，并检查白坯布另一面，拷贝的线条是否清晰可见。

步骤9J

现在给前片贴边的底边添加0.6cm的缝份。

步骤9K

然后沿底边将多余的缝份剪掉。

步骤9L

去掉白坯布上的大头针，并将完成的前片贴边打开，铺平放在桌面上。

模块15：

一体式后片贴边

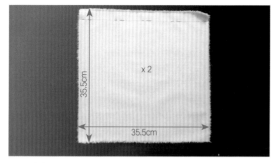

步骤1

对于后片贴边，我们需要准备两块白坯布，对于M码（英国10码/美国6码）而言，白坯布每片的长宽都是35.5cm。

步骤2

沿每块白坯布长边（经纱方向）向内量2.5cm，画直线，将这条线定义为后中线。然后沿后中线将两片白坯布固定到一起。

步骤3A

将裙身后片的后中同固定好的后片贴边的后中线对齐，并用大头针将白坯布固定在一起。

步骤3B

沿后中线、肩膀处、袖窿下的侧缝进行大头针，如图所示。

步骤4A

将单面复写纸正面朝上放在后片贴边最下面。

步骤4B

将另一片单面复写纸正面朝下放在裙身和最上面的贴边之间。

步骤4C

拷贝肩线和后领围线。

步骤4D

重新放置复写纸，拷贝袖窿。在拷贝过程中，可能需要停下来移动复写纸，来保证能够将袖窿完整地拷贝到下面的白坯布之上。

步骤4E

拷贝侧缝的净缝线到贴边白坯布上，贴边多长拷贝多长，然后将复写纸抽掉即可。

步骤5

将所有白坯布都固定在一起，利用裙身的裁边线作为贴边的裁切线，可以直接将多余的白坯布剪掉。

步骤6

移除大头针，并将裙身后片从后片贴边上拿开。

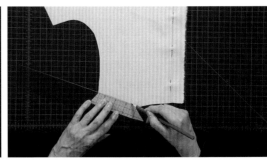

步骤7A

正如前片贴边肩部所做的修改一样，沿原有肩线水平向内量取，则后片贴边的肩线向下减少0.3cm，并用红色铅笔重新标记后贴边肩线。

步骤7B

将正面朝上的单面复写纸置于肩膀之下，然后拷贝修正后的肩线到后片贴边的另一面。

步骤7C

给新的肩线添加1.3cm的缝份。

步骤7D

然后再给后片贴边的侧缝添加1.3cm的缝份。

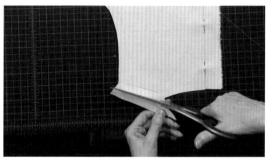

步骤7E

修剪肩膀上多余的白坯布。

步骤7F

修剪侧缝处多余的白坯布。

步骤8A

下一步就是绘制后片贴边的底边。在后中线上用大头针将两片白坯布固定在一起，从后中领口处，从净缝线向下量取6.3cm，做记号。

步骤8B

从侧缝袖窿交点向下量取6.3cm，并做一个0.6cm宽的记号线。但要保证这条记号线和侧缝线处是成直角的。

步骤8C

在绘制前片贴边时，从侧缝往下量取5cm，并顺着袖窿弧线向内量取6.3cm，进行标记。

步骤8D

开始画后片贴边的底边，保证在后中线处与底边要成直角。将定规尺的短边对齐后中线，然后画一条约3.8cm的直线。

步骤8E

将曲线尺放在白坯布上绘制后片贴边的沿边弧线，连接后中线和后袖窿弧线附近的标记点，该标记点位于后袖窿弧线向内量取6.3cm的位置。

步骤8F

因为贴边的绘制受所画部位的影响，所以需要灵活地运用曲线尺，如图所示。

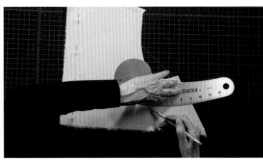

步骤8G

继续用曲线尺绘制后片贴边，并保证与侧缝相交的线条要相互垂直。

步骤8H

将正面朝上的单面复写纸放在后片贴边之下，然后把贴边底边拷贝到另一面。

步骤9A

抽掉单面复写纸，并检查所有需要拓印的标记线是否正确拷贝到另一面。

步骤9B

开始给后片贴边的底边绘制0.6cm的缝份。

步骤9C

最后沿着后片贴边的底边，剪去多余的缝份。

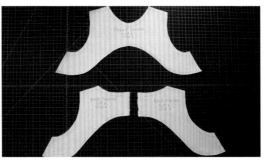

步骤9D

以上就是如何描绘前片贴边和后片贴边。

步骤10

此时帐篷式连衣裙的白坯布样衣制作就全部完成，其中包括船领、圆角袖窿和一体式贴边的制作。

自我检查

- [ ] 是否能正确地用立体裁剪的方式制作喇叭形效果？

- [ ] 是否能在人台底端准确地测量和标记出下摆？

- [ ] 是否能让侧缝达到前后均衡的效果？

- [ ] 是否能在完成最终纸样前，保证下摆悬挂（自然悬垂）24小时？

- [ ] 是否可以让贴边减少0.3cm？

A字型帐篷式连衣裙裁剪时，一般采用柔性面料，这样喇叭形效果会更加明显，如所示，乔纳森·科恩 Jonathan 2014春

译者序

　　当我们开始学习纸样设计的课程时，如果用面料在人体或者人台上进行立体裁剪，可以帮助我们更加直观地理解服装纸样与人体的对应关系。立体裁剪不但成为高等服装院校必开的一门专业课，也成为了各大院校应届毕业生的中国服装设计师"新人奖"评选活动考核的重要内容。立体裁剪的方法为创造服装新的维度空间提供了更多的想象空间，使纸样的设计更加随意灵活。

　　该书基于立体裁剪制作的需求和过程以实物拍摄方式详细介绍了立体裁剪的基础知识、代表性品种的上身原型、不同省道、半身裙和连衣裙的立体裁剪过程中如何准备面料、如何画辅助线、做标记，以及如何修正样片等技法和规范。

　　该书是一本难得的立体裁剪工具书，具有很强的指导性和实用性。对立体裁剪初学者来说是一本很好的入门书籍，对有一定基础的人来说，会让你锦上添花，更上一层楼。

　　翻译这本书时尽可能使用了精确的服装专业术语、简明的语句，保证在表述清楚的同时更好地传达作者原意。本书在翻译和校对过程中，得到西安工程大学的王振洁、唐姗姗、毛倩、张英莉、张晓丹，河北美术学院的孙艳丽，以及利兹大学的王奥斯的大力支持，在此表示衷心的感谢。由于时间紧，加之水平有限，欠妥或不完善之处在所难免，敬请广大读者指正。

周捷

2021年12月于西安工程大学